高素质农民培育系列读本

稻田除草剂
安全高效使用技术

陈国奇　袁树忠　郭保卫　戴其根
霍中洋　高　辉　魏海燕　编著

中国农业出版社
北　京

图书在版编目（CIP）数据

稻田除草剂安全高效使用技术 / 陈国奇等编著 .—北京：中国农业出版社，2020.8（2023.2 重印）
（高素质农民培育系列读本）
ISBN 978-7-109-26974-3

Ⅰ.①稻…　Ⅱ.①陈…　Ⅲ.①稻田—除草剂—农药施用　Ⅳ.①S482.4

中国版本图书馆 CIP 数据核字（2020）第 109031 号

中国农业出版社出版
地址：北京市朝阳区麦子店街 18 号楼
邮编：100125
责任编辑：国　圆　孟令洋
版式设计：王　晨　　责任校对：吴丽婷
印刷：中农印务有限公司
版次：2020 年 8 月第 1 版
印次：2023 年 2 月北京第 2 次印刷
发行：新华书店北京发行所
开本：880mm×1230mm　1/32
印张：5.75
字数：200 千字
定价：26.00 元

田间施药时必须以所用除草剂商品包装上的
使用说明为依据

联系人：陈国奇
扬州大学 水稻产业工程技术研究院
扬州大学江苏省作物遗传生理重点实验室/
江苏省作物栽培生理重点实验室
江苏省粮食作物现代产业技术协同创新中心
E-mail：chenguoqi@yzu. edu. cn

序

应用除草剂防除稻田杂草省工、省时，操作简便且对水稻及后茬作物的安全性可控。随着劳动力成本的不断攀升，总体上依赖除草剂治理稻田草害的局面短期内仍然难以改变。现今，对水稻和生态环境安全且对杂草高活性的除草剂品种也还十分有限。虽然近年来新型除草剂研发获得了一系列进展，但总体上看，新作用机制除草剂及其实用化尚未获得重大突破。因此，利用好现有的高效、安全除草剂品种对于控制水稻种植成本、保障稻米产量仍然至为重要。

近年来，随着我国水稻栽培方式的转变，稻田杂草草相也在发生变化，抗性杂草危害加重，稻田杂草防控成本不断攀升。为此，我国科技工作者和相应的农药企业等开展了有针对性的调查和研究工作，积累了丰硕的杂草防控技术成果，对大面积草害的治理工作起到了积极作用。

本书汇编了目前我国稻田登记使用的各种除草剂单剂、复配剂及其使用技术，可以为水稻种植户选用除草剂品种提供参考，并为从事相关工作的农药企业、农技人员、营销人员及科研人员提供参考。同时，也希望各位读者对书中的错漏之处批评指正，帮助作者在稻田除草剂应用技术研究方面，朝着“先进、实用”的目标不断进步。

张鸿程

2019年8月20日

前 言

水稻种植周期内田间高温高湿，利于杂草出苗和生长，草害严重，施用除草剂是我国及世界上大多数国家防控稻田杂草的主要手段。本书基于我国稻田除草剂登记信息，结合各种农药商品包装上的标签信息，中国知网、Web of Science 等的相关资料以及一线农技人员和水稻种植户反馈的信息，汇编了我国稻田登记使用的 29 类 54 种除草剂单剂及 149 种复配剂的应用技术，以期为从事水稻生产、除草剂研发、杂草防控研究等方面的相关人员提供参考。本书特色在于：1）聚焦稻田实用除草剂品种，逐条编列了目前我国稻田登记使用的全部除草剂单剂及其复配剂的简明、安全、高效使用技术，并通过列表的方式进行总结，以便为读者选用除草剂提供参考；2）聚焦稻田除草剂使用技术，对每一除草剂产品列明其作用机制类型、杀草谱、使用稻田类型、使用方法、使用剂量、注意事项等关键信息，以便于种植户综合考虑安全性、可行性、施药方式、轮换用药等方面选用除草剂时提供参考；3）聚焦稻田除草剂实用配方设计，针对每一种除草剂活性成分，列出其登记使用的所有复配组合，以及各种复配剂的使用方法和剂量等，便于读者查阅并为稻田除草剂复配新产品研发提供参考。相应地，编者团队还开发了“稻田除草剂选用参考系统”手机APP，以便更好地服务于水稻种植户和相关人员。

本书承蒙扬州大学张洪程院士设计指导，并得到了江苏省农业科技自主创新资金［CX（15）1002］、扬州大学出版基金、国家重点研发计划（2018YFD 03008）、江苏高校优势学科建设工程资助项目（PAPD）的资助，在此深表谢意！

由于作者知识水平有限，书中难免错漏，敬请各位专家、读者批评指正。

编　者

2019年6月于扬州大学

目　录

第一章 稻田除草剂安全高效使用技术概况

第一节 稻田杂草化学防控概况

水稻是世界上最重要的粮食作物之一，全世界大约有60%的人口以稻米为主要口粮。以2014年的数据为例，世界113个国家种植水稻总面积为1.63亿hm^2；水稻种植面积约占粮食播种总面积的29.34%，总产量7.18亿t。然而，世界稻米的消费需求量不断上涨，稻米供不应求，保产压力巨大。

杂草危害是导致水稻减产的最重要生物灾害之一，稻田草害防控主要依赖化学除草剂。2014年，全球稻田用除草剂总销售额为20.89亿美元，占农药销售总额的41.4%；全球稻田除草剂市场最大的国家是日本，尽管其水稻种植面积只占世界的0.98%（表1-1），但其除草剂销售总额占世界的30.64%，平均每公顷稻田施用除草剂的药剂购买成本超过2 700元人民币，是世界平均水平和我国平均水平的31倍。事实上，我国长三角地区稻田除草剂药剂购买成本也已经达到每公顷600～1 500元。

表1-1 2014年世界主要水稻种植国家（地区）水稻生产和稻田除草剂使用情况

国家（地区）	种植面积（$\times10^6$ hm^2）	总产量（$\times10^6$ t）	单产（t/hm^2）	除草剂销售额（亿元人民币）	每公顷除草剂购入成本（元人民币）
日本	1.58	8.61	5.46	42.94	2 717.95
欧洲	0.43	1.96	4.56	6.17	1 435.60
美国	1.19	8.61	7.24	7.45	625.91
韩国	0.82	5.63	6.90	3.49	425.48

（续）

国家（地区）	种植面积（$\times 10^6$ hm^2）	总产量（$\times 10^6$ t）	单产（t/hm^2）	除草剂销售额（亿元人民币）	每公顷除草剂购入成本（元人民币）
巴西	2.37	11.75	4.95	7.98	336.91
中国	30.22	206.51	6.83	26.17	86.36
印度	43.5	103.39	2.38	6.98	16.04
印度尼西亚	12.08	36.30	3.00	—	—
泰国	10.5	20.50	1.95	—	—
越南	7.77	27.70	3.56	—	—
巴基斯坦	2.76	6.70	2.43	—	—
世界	161.13	478.46	2.97	140.17	86.96

注：1. 欧洲水稻生产情况数据来源于：中国产业信息网（www.chyxx.com/industry/201610/455958.html）；2. 中国水稻生产情况数据来源于：中国统计年鉴（2015）（www.stats.gov.cn/tjsj/ndsj/2015/indexch.htm）；3. 其他数据来源于：中国农药网（www.nongyao168.com/Article/1030609.html）。

杂草化学防控的效果与水稻产量直接相关，进一步分析表1-1数据发现，稻田除草剂药剂购买成本与水稻单位面积产量显著正相关（$y=2.454x^{0.168}$，$R^2=0.5388$，$P=0.038$），对比发展中国家和发达国家的除草剂应用情况可以发现，发达国家杂草化学防除的投入成本占水稻生产成本的比重明显较高。

全世界稻田常用除草剂有36种（表1-2）。这些除草剂中，针对禾本科的品种以及兼顾禾本科和阔叶草的品种较多，尤其是土壤处理除草剂以广谱性的为主。

表1-2　2014年世界稻田使用的主要除草剂

防治对象	土壤处理除草剂	茎叶处理除草剂	土壤、茎叶均可使用的除草剂
主要针对禾本科杂草	禾草敌、丁草胺	莎稗磷、氰氟草酯、四唑酰草胺、溴丁酰草胺	苯噻酰草胺、嘧草醚、二氯喹啉酸、嘧磺苯胺、唑草胺、噁嗪草酮

（续）

防治对象	土壤处理除草剂	茎叶处理除草剂	土壤、茎叶均可使用的除草剂
主要针对阔叶草和莎草		甲磺隆、灭草松、四唑嘧磺隆和 2，4-滴	苄嘧磺隆、唑吡嘧磺隆、氯吡嘧磺隆
针对禾本科、莎草科杂草和阔叶杂草	丙草胺、异噁草松、噁草酮、吡唑特、禾草丹、环戊噁草酮、咪唑乙烟酸、二甲戊灵和乙氧氟草醚	丙嗪嘧磺隆、双草醚、敌稗和环丙嘧磺隆	五氟磺草胺、双唑草腈、吡嘧磺隆和双环磺草酮等

资料来源：中国农药网（www. nongyao168. com/Article/1030609. html）。

随着化学除草剂的长期大量使用，稻田杂草对除草剂的抗性自 1983 年首次报道以来不断加剧。目前，世界杂草抗药性数据库（www. weedscience. org）中登记的稻田杂草抗药性生物型已有 159 例，涉及 51 种杂草。在 159 个报道的抗性杂草生物型中，51.79％抗乙酰乳酸合酶（ALS）抑制剂类除草剂（图 1－1）；16.40％抗乙酰辅酶 A 羧化酶（ACCase）抑制剂类除草剂；14.81％抗光系

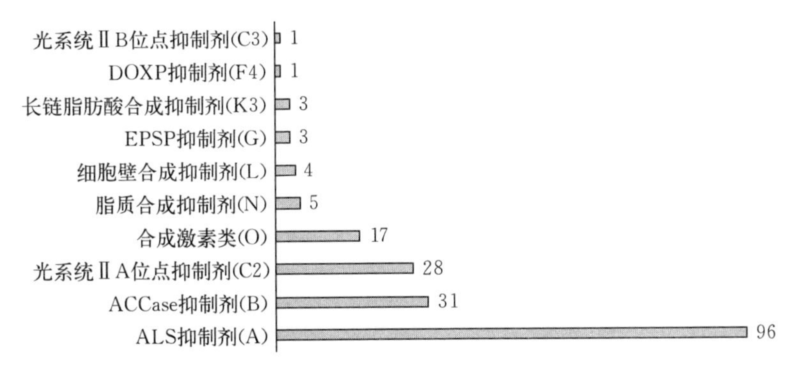

图 1－1　国际抗药性杂草数据库中记录的对不同作用机制除草剂类群具有抗药性稻田杂草生物型数量（共 159 个生物型，有些生物型对多种除草剂类群具有抗性，因而总数大于 159）

统ⅡA位点抑制剂；9.00%抗合成激素类除草剂；另有少数生物型对6种其他作用机制除草剂具有抗性。

ALS抑制剂类除草剂是目前稻田杂草抗药性发生最重的除草剂类群。稻田使用的ALS抑制剂类除草剂通常具有超高活性、杀草谱广、选择性良好等优点，因此用量极大，自20世纪70年代以来，持续在稻田大量使用，例如主要在苗前使用的苄嘧磺隆、吡嘧磺隆以及苗后使用的五氟磺草胺、双草醚等被广泛用于全世界各地稻田。因此，稻田ALS抑制剂类除草剂长期持续维持对杂草的选择压，更容易导致杂草抗性的暴发。另一方面，ALS抑制剂的作用靶标酶单一，ALS上多个氨基酸位点突变可导致杂草能够正常生长的同时对多种ALS抑制剂类除草剂具有抗药性。因此，ALS抑制剂类除草剂是杂草抗药性风险最高的除草剂类群。相似的情况是ACCase抑制剂类除草剂，该类除草剂作用靶标单一，且只对禾本科杂草有效，其中的氰氟草酯、噁唑酰草胺均在全世界主要水稻种植区被广泛用于防除禾本科杂草，因此抗性风险也较高。同理，ACCase抑制剂类除草剂抗性也较为严重，尤其是对氰氟草酯的抗性。

在稻田抗性杂草中，稗草的抗药性发生最为严重，共有35个抗性生物型，占全部抗性杂草生物型的22.0%，并且抗性稗草中28.6%对不同作用机制的除草剂同时具有抗性，也即具有多抗性，34.3%抗性稗草生物型抗ALS抑制剂类除草剂，31.4%抗ACCase抑制剂类除草剂，31.4%抗光系统Ⅱ抑制剂类除草剂，17.1%抗合成激素类除草剂。此外，水稻中的抗除草剂基因向杂草稻漂移而导致杂草稻抗药性暴发的现象也值得高度重视。

我国稻田抗除草剂禾本科杂草主要包括稗属杂草、千金子、马唐，阔叶杂草主要为野慈姑、耳叶水苋和雨久花，莎草科杂草主要为异型莎草。董立尧团队通过整株生物测定的方法检测了采自江苏、安徽、上海地区24个不同稻田西来稗种群对二氯喹啉酸的抗性，结果发现，采自上海松江新浜、江苏常州武进、江苏泰州姜堰的西来稗对二氯喹啉酸的相对抗性倍数分别为66.88、9.68、

6.20，表明这些种群对西来稗已产生了抗性。该团队还报道采自安徽宣城宣州稻田的稗种群对五氟磺草胺、氰氟草酯、丁草胺、噁嗪草酮和二甲戊灵产生了抗性，采自宣城宣州硬稃稗种群对噁嗪草酮和丁草胺产生了抗性，采自江苏丹阳无芒稗种群对二氯喹啉酸和噁嗪草酮产生了抗性。李永丰团队报道，采自安徽庐江稻田的稗种群对二氯喹啉酸、五氟磺草胺和双草醚具有多抗性。马国兰等在湖南、浙江稻田均发现抗二氯喹啉酸的稗种群。此外，东北地区稻田稻稗对二氯喹啉酸、五氟磺草胺、丁草胺均已产生了低水平的抗性。

近年来，我国稻田千金子和马唐对除草剂的抗性也开始暴发。董立尧团队通过采用整株生物测定法测定了采自江苏、浙江、上海、湖北、安徽等地稻田 38 个千金子种群对氰氟草酯的敏感性，发现 3 个高抗性种群，分别采自浙江余杭、江苏淮安、湖北黄冈，进一步研究发现采自浙江余杭的抗性种群对噁唑酰草胺、精噁唑禾草灵、唑啉草酯等 ACCase 抑制剂类除草剂均产生了交互抗性，对二氯喹啉酸产生了低水平的多抗性。董立尧团队还采用整株生物测定法测定了采自江苏稻田的 11 个马唐种群对 6 种稻田常用茎叶处理除草剂的敏感性，发现马唐对噁唑酰草胺、五氟磺草胺产生了低抗性，发现 3 个种群对这两种药剂具有多抗性。

我国稻田野慈姑、雨久花、耳叶水苋、异型莎草等对 ALS 抑制剂类除草剂的抗性发生较重。纪明山团队在辽宁营口和鞍山稻田采集了对苄嘧磺隆具有高抗性的野慈姑种群，并且抗性种群对吡嘧磺隆和乙氧磺隆具有高水平的交互抗性，对五氟磺草胺、双草醚和嘧啶肟草醚无交互抗性。张朝贤团队在吉林柳河、德惠稻田发现了抗苄嘧磺隆的雨久花种群；黄元炬在黑龙江哈尔滨、牡丹江、佳木斯稻田分别发现了对苄嘧磺隆和吡嘧磺隆具有低抗性的雨久花种群。王兴国通过整株生物测定法检测了 15 个采自杭州稻田苄嘧磺隆用药后仍然危害严重的耳叶水苋种群，结果表明，这些种群对苄嘧磺隆具有低至高水平的抗性。高陆思等在湖南稻田发现 2 个抗氯吡嘧磺隆异型莎草种群、3 个抗吡嘧磺隆和苄嘧磺隆的异型莎草种群，并且抗吡嘧磺隆和苄嘧磺隆异型莎草均表现出对五氟磺草胺具有交互抗性。

近年来，我国稻田抗药性杂草危害得到种植户、农药生产销售企业和人员、学界和政府服务部门的广泛关注。生产中，抗性杂草治理成为除草剂商品销售中难以回避的问题，种植户和企业人员对除草剂新产品的需求旺盛。然而，值得注意的是，在稻田除草实践中，田间靶标杂草多个出草高峰错开、杂草叶龄期过大、杂草密度过大、土壤墒情不佳、田间施药时气象状况不适、除草剂商品质量等均可能导致药效下降甚至失效。因此，应仔细分析田间用药后杂草失防成灾的原因，及时采取补救除草措施；对于明确的抗性杂草群体，应尽力采取措施阻止抗性杂草结实落粒。农药生产、销售相关人员也应协助种植户分析田间草害失防原因，做好相关的记录和跟踪服务，不应盲目将草害失防归因于杂草抗药性。

第二节　我国水稻种植概况

我国水稻年播种面积约0.3亿hm^2，占粮食作物播种总面积的26.7%，年产量约2.1亿t，平均每公顷产量6 889.5 kg，总产量世界第一，栽培面积世界第二，水稻单位面积产量是世界平均水平的2倍以上。尽管如此，我国目前每年大米净进口量超过350万t，因此水稻生产压力较大，水稻稳定增产对于保障我国的粮食安全具有基础性的作用。我国水稻生产分为6个产区，各稻作区的种植情况（2017年）如下：1）华中单、双季稻区，包括江苏、上海、浙江、安徽中南部、江西、湖南、湖北、四川、陕西南部和河南南部，稻作面积约占全国的55%，其中江汉平原、洞庭湖平原、鄱阳湖平原、太湖平原、里下河平原历来是我国稻米主产区，早稻多为籼稻，中稻多为籼型杂交稻，连作晚稻和单季晚稻以粳稻为主；2）华南双季稻区，包括广东、广西、福建、海南、台湾，除台湾外，稻作面积约占全国的16%，水稻品种以籼稻为主，山区有粳

稻种植；3）西南单季稻区，位于云贵高原和青藏高原，本区稻作面积占全国的12%左右，水稻品种垂直分布带差异明显，低海拔地区为籼稻，高海拔地区为粳稻，中间地带粳籼交错分布；4）东北早熟单季稻区，包括辽宁、吉林、黑龙江和内蒙古东部，稻作面积约占全国的15%，品种为粳稻；5）华北单季稻区，位于秦岭、淮河以北，长城以南，甘肃兰州以东地区，稻作面积约占全国的1%，品种以粳稻为主；6）西北干燥单季稻区，位于大兴安岭以西，长城、祁连山与青藏高原以北地区，稻作面积约占全国的1%，主要种植早熟型籼稻。

对水稻安全、尽量避免药害是稻田施用除草剂的基本原则。不同生长期阶段的水稻植株对不同除草剂具有不同的敏感性，因此水稻生长期是稻田施用除草剂的主要参考因素。水稻一般分为10个生长期，具体如下：

（1）出苗期　种子播种前通常要浸种24 h并催芽24 h使其预先发芽，发芽种子播后2～3 d，第一片叶就突破胚芽鞘长出，末期可看到第一叶（初出叶）仍卷曲着，但幼根已伸长。

（2）幼苗期　从第一叶长出一直持续到第一个分蘖出现前。这一时期，种根和5片叶子已长成。幼苗早期叶片继续以每3～4 d长出一片的速度生长，次生根迅速地形成永久性的根部体系。小苗移栽的机插秧苗常为3.5叶期，秧龄18～20 d；大苗移栽的机插秧苗常为4.5叶期，秧龄25～30 d；人工移栽田幼苗为5～6叶期，秧龄可达30 d。

（3）分蘖期　从第一个分蘖出现一直持续到达最大分蘖数为止。当秧苗生长发育时分蘖从节的腋芽处形成并替代了叶子。分蘖发生后，主要分蘖产生了二次分蘖。这出现在移栽后30 d左右，这时的秧苗高度正在增加，分蘖非常活跃。在分蘖期，分蘖已经增加到难以分辨出主茎的地步。当水稻进入下一个时期即拔节期时，分蘖数将继续增多。

（4）拔节期　这一时期开始于幼穗分化前，或开始于分蘖期即将结束时，因此分蘖期和拔节期可能有部分重叠。此期分蘖数目越来越多，高度也增加，叶片没有明显的衰老现象。水稻生育期长短在相当大的程度上关系到其株高，长生育期种类拔节期较长。根据水稻生育期长短，可将其分为两大类：短生育期品种，其生育期为105～120 d；长生育期品种，生育期达150 d以上。短生育期品种，最大分蘖量、茎伸长和幼穗分化几乎同时出现；长生育期品种，在最大分蘖出现时有一个所谓的落后生长期，它伴随着茎或节间伸长，直至最终幼穗分化。

（5）穗分化到孕穗　此期为营养生长与生殖生长并进阶段，幼穗开始分化。幼穗分化后大约10 d，肉眼就可看到长出的幼穗花序。在幼穗最终显现前，仍有3片叶子长出。短生育期品种，当幼穗花序变得如一个白色羽毛状圆锥体长达1.0～1.5 mm时，肉眼就可见。它第一次出现在主茎上，随后出现在分蘖上。幼穗继续生长，小穗已经可以辨认出。幼穗长度增加，它在旗叶鞘内的向上伸长，导致旗叶鞘的膨胀。旗叶鞘的膨胀称作孕穗。孕穗多数情况下首先出现在主茎上。孕穗时，叶片的黄化、衰老以及未孕穗的分蘖在植株基部是很明显的。

（6）抽穗期　也称花序抽出期，从圆锥花序尖端从旗叶鞘抽出开始。圆锥花序继续伸长直到其大部分或完全从叶鞘中抽出。

（7）扬花期　扬花期开始于花药从小穗中伸出及紧随其后的授粉作用。通常小花在早晨开放，扬花时小花张开，花药因雄蕊伸长而从花颖中伸出，花粉散出，小花颖壳随后关闭，花粉落到雌蕊柱头上进行授精。扬花期持续到圆锥花序上的大部分小穗都已开花。扬花期在抽穗期后第二天出现。等到圆锥花序上所有的小花开放约要7 d时间。水稻分蘖在扬花期开始时已经分成两种：正在灌浆的分蘖和未灌浆分蘖。

（8）乳熟期　谷粒开始灌充一种白色、乳状的液体，当手指挤压谷粒时该液体会被压出。绿色的圆锥花序开始向下弯曲，分蘖的基部开始衰老，但旗叶和稍下的两片叶子仍是绿色。

（9）蜡熟期　谷粒乳状成分开始变成柔软如生面团，再后来这种柔软物质就变硬。稻穗上的谷粒开始由绿变黄，分蘖和叶片已经

明显地衰老。整个田块看上去开始呈现微黄色。当稻穗变黄时，每个分蘖最后两片叶子尖端也开始变干。

（10）完熟期 每粒稻谷都已完全成熟，变硬变黄。上面的叶子正迅速地变干，但有些品种的叶子保持绿色。大量的死叶堆积在植株根部。

第三节 稻田除草剂施用时期

南方稻田播种或移栽后 1～2 d，即为禾本科杂草始出苗高峰，3～5 d，即为阔叶草始出苗高峰，因此播种或移栽后 3～7 d 为土壤处理的关键时期。播种或移栽后 15～20 d，禾本科杂草进入 3～5 叶期，为茎叶处理的关键时期。目前，我国稻田除草剂使用策略组合常包括"一封"、"二杀"或"二封杀"、"三补" 3 次用药。此外，一些免耕播种或移栽田常使用灭生性除草剂进行除草清园。因此，目前稻田除草剂施用时期主要有 4 个，具体如下：

1. 播种（移栽）**前** 这一时期施用除草剂有两种情况：1）土壤封闭除草，生产中常称为"一封"，大量杀灭正在出苗的杂草及刚出苗极幼嫩的杂草。例如，噁草酮用于水稻秧田、水直播田，可在稻田整地后田间处于泥水状态时施用，施药后保水 2～3 d，之后排干田水播种水稻。2）免耕田"除草清园"，施用灭生性除草剂杀灭田间杂草后进行播种或移栽。例如，含有草甘膦成分的除草剂在免耕直播稻田施用，于水稻播种前 10～12 d 对杂草茎叶喷雾用药，药后 5 d 左右灌水淹没杂草泡田 3～5 d，田间无积水时再播种水稻。水稻播种或移栽之前施用除草剂对水稻的安全性较容易掌握，主要关注除草剂的残留药害。

2. 播种（移栽）**后杂草出苗前** 这一时期施药的主要作用也是土壤封闭控草，也即"一封"。例如，丙草胺在直播稻田，可以在水稻播种后 3～5 d 内进行土壤喷雾处理。再如苯噻酰草胺用于移栽稻田，可以在水稻移栽后 5～7 d 通过药土法撒施。直播稻田播后施药水稻通常处于出苗期，这一时期水稻对除草剂较为敏感，用药不当易发生大面积药害事件。对于移栽稻田，水稻秧苗处于分蘖初期，移栽水稻返青活棵后即可施药。如移栽秧苗未完全活棵或者长势较弱，则易发生药害。这一时期移栽稻田施用除草剂后，稻田水层通常不能淹没水稻心叶。

3. 播种（移栽）后禾本科杂草 3～5 叶期 这一时期施用除草剂的主要目的在于茎叶杀草，或者茎叶杀草兼二次封闭。相应地，生产中常称这一次用药为“二杀”或“二封杀”。水稻播种或移栽后 15～20 d，田间杂草大量出苗，即使经历了前期的土壤封闭施药，仍然有一些杂草发生量较大，田间禾本科杂草进入 3～5 叶期时，杂草基本上出齐，此时施药的主要目的是对杂草进行集中杀灭。这一时期施用的除草剂以茎叶喷雾处理的为多，并且所用的除草剂通常需要同时对禾本科、阔叶类和莎草科杂草都有较好的防效。一般情况下，这一时期使用除草剂的用药成本也较高，尤其是在直播稻田。

4. 水稻分蘖期至拔节期前 这一时期施药主要针对前期施用除草剂后仍然残存杂草进行防除，生产中常称为“三补”。此时用药的目的主要是杀灭大龄杂草，田间施药常针对局部杂草较多的地方采用局部喷施的方法进行“挑治”。

正常管理的稻田在水稻进入拔节期后，一般不再施用除草剂，原因有 3 个方面：1）水稻拔节期之前稻田通常已经经历过土壤封闭、茎叶处理施药，与水稻生长期接近的杂草群落已经被控制住；2）水稻拔节后密集覆盖田间（封行），此时出苗的杂草在水稻的遮蔽下难以构成对水稻的竞争威胁，一般不发生严重危害，因此，不需再施用除草剂防控少量的田间杂草；3）如果水稻拔节期之后田间杂草发生仍然严重，施用除草剂进行防控容易抑制水稻生长、孕穗等，进而直接造成减产。生产中有些种植户于水稻拔节期早期会使用少数种类的除草剂在田间局部定向喷雾处理来防除阔叶杂草。

第四节 稻田除草剂使用的基本原则

1. 做好施药准备工作 施药前整平稻田，否则除草剂药效难以发挥，并且可能导致水稻药害。明确稻田上水的条件和保水能力。稻田喷施除草剂前应查询用药后1周的气温、降水、风力等天气情况，下田查明稻田的草相情况和水稻秧苗生长情况等，明确稻田周边的作物种类情况。选定除草剂商品后，务必仔细阅读待用除草剂产品包装上的使用说明，核验除草剂指定使用作物田、靶标杂草、施用方法、施用剂量，确定除草剂产品对后茬作物的安全间隔期、对特定环境的安全性、使用禁忌、对人的毒性等各种注意事项。

2. 正确选择除草剂种类 第一，应选择使用对田间水稻品种安全的除草剂品种。对作物安全是应用除草剂的基本原则，错用除草剂可导致作物因严重药害减产甚至绝收。选用稻田除草剂时应首先明确产品包装上的使用说明中指明可以用于稻田，并且仔细核查该除草剂商品可以应用的稻田类型、水稻品种类别等信息。不同的水稻品种对不同除草剂的敏感性不尽相同，尤其是粳稻和籼稻品种之间对部分除草剂的敏感性差异较大。例如，稻田常用的高效、广谱型茎叶处理除草剂双草醚对籼稻的安全性较好，但对糯稻、粳稻的安全性相对较低，但也有一些含有双草醚的除草剂明确指明可以在粳稻田使用。因此，在水稻田施用双草醚前，应明确待用除草剂商品使用说明上的相关说明。再如，硝磺草酮对粳稻较为安全，对籼稻的安全性相对较低，因此硝磺草酮在籼稻田的使用受限。

第二，应选择对水稻后茬作物安全的除草剂品种。我国南方地区稻田通常采用一年多熟制种植，水稻后茬作物常见的包括小麦、油菜、水稻（双季稻）、茄子及其他蔬菜等。因此，在稻田使用除草剂控草时应充分考虑对下茬作物的安全性，对照各种除草剂的安全间隔期选定除草剂。例如，稻田常用的杀稗草除草剂二氯喹啉酸对茄子、马铃薯等茄科作物安全性低，用过二氯喹啉酸的稻田下茬种植茄子、马铃薯可造成严重的残留药害，导致茄子和马铃薯的产量及品质大幅下降。

第三，应尽量选用对周边作物、养殖鱼塘等安全的除草剂品种，避免稻田用药过程中造成的除草剂漂移药害。部分除草剂在施用中容易挥发并漂移至周边田块，进而导致非靶标田块作物的严重药害。

第四，尽量避免使用靶标稻田中已经明确发生了抗药性的相关除草剂品种及其同类药剂。随着除草剂的连年使用，稻田杂草种群可能已经对特定除草剂产生了抗药性。对于已经明确发生了杂草抗药性的稻田田块，应基于抗药性的杂草种群及相关除草剂品种信息，选用不同作用机制的除草剂进行轮替使用，避免抗药性水平的积累和进一步暴发。

3. 合理确定除草剂的使用方法和使用量 第一，应根据除草剂产品说明，确定稻田除草剂的使用时期和使用方法。不同除草剂有不同的适用时期（具体见本章第三节），不同水稻生育期对不同除草剂具有不同的耐药性，因此，应根据稻田除草剂的使用时期确定备选药剂。目前稻田除草剂使用方法主要包括：土壤或茎叶喷雾、甩施、撒施、泼浇、滴灌等，不同的施药方法不仅直接影响药效，而且直接影响除草剂对水稻的安全性。例如，氟酮磺草胺在水稻移栽田一般不可以通过茎叶喷雾施用，否则水稻叶片（尤其是水稻心叶）大量接触到药剂后容易导致严重药害，因此需要通过撒施施用；氰氟草酯在水稻田一般不宜撒施，否则无法发挥药效，需要进行茎叶喷雾施用。在田间使用除草剂的范围包括：全田使用和定向使用或挑治。在选定除草剂后，应根据除草剂商品的使用说明确定使用方法。

第二，应根据水稻生长状况及生育期、靶标杂草草相状况，确定除草剂的施药剂量。水稻幼苗对除草剂的耐药性水平与其叶龄大小及健康状况直接相关，小苗、弱苗对除草剂的耐药性通常会下降，因此施用除草剂剂量较高时易发生药害。同时，稻田杂草群落

的种类组成、杂草密度、杂草群体叶龄等与除草剂防效也直接相关，杂草植株较大、密度较大、分蘖较多等对除草剂的耐药性也会增强，因此需要使用较高的剂量。所以，稻田使用除草剂控草之前应充分了解所使用田间的水稻生长状况和杂草草相情况，并综合水稻安全性和杂草防控效果确定用药剂量。

第三，根据土壤质地、墒情和天气情况等确定使用剂量和用水量。土壤质地、墒情、气温、降水情况等对除草剂防效及安全性影响较大，稻田使用除草剂之前，应充分掌握田间的土壤墒情和用药后1周的气温和降水情况，进而确定除草剂的使用剂量和用水量。例如，土壤沙质较重或有机质含量较高时会导致多种除草剂药效下降，因此用药时宜采用推荐剂量范围内的较高剂量。

4. 尽量轮替使用不同作用机制的除草剂品种 连年使用同种除草剂容易导致杂草暴发抗药性，并且抗药性杂草常对同一作用机制的多种除草剂产生交互抗性。因此，使用除草剂防控稻田杂草时，应尽量轮替使用不同作用机制的除草剂。一旦田间发现少数对特定除草剂不敏感的靶标杂草（疑似抗药性杂草），应尽早采取措施进行人工防除，不让其产生种子，以免抗药性杂草的积累、蔓延和暴发。

5. 施药后避免除草剂漂移药害 除草剂使用后，田间灌溉水串流到非用药田间可能会导致作物的漂移药害；除草剂包装瓶、袋、盒等丢弃田间以及在沟渠清洗施药器械时，其中残存的药液也可能随着灌溉水流入作物田发生药害，或者流入养殖场所发生中毒事件。因此，应使用规范的除草剂喷药器械并根据使用说明规范使用（包括配套的田间管理措施），除草剂喷施完毕后，规范清洗器械，回收包装袋。避免在河塘等水体中清洗施药器具，避免药液进入地表水体。施药后的用水不得直接排入其他水田，也不得用于浇灌蔬菜。许多种类的除草剂产品对虾、鱼、蜂、蚕、赤眼蜂等有毒，应仔细阅读说明书，防止漂移药害。

6. 做好用药记录 稻田杂草危害严重，控草成本较高，并且药害事故频发。除草剂使用记录不仅可以作为发生药害事故或防控失败时进行诊断和补救的依据，同时可以为制定综合的稻田除草剂轮替使用方案提供直接依据，并且对于研究稻田杂草群落演替和除草剂生态毒性及其治理均具有重要的意义。因此，稻田除草剂用药后应详实记录所使用除草剂的商品名、用药时间、用药方式、用水量、用药时水稻幼苗的生长情况和草相情况等信息。

第二章

稻田除草剂活性成分及其复配剂使用技术

第一节　我国稻田登记使用的除草剂活性成分

根据农药信息网的登记数据（www.chinapesticide.gov.cn/hysj/index.jhtml），我国稻田登记使用的除草剂共有54种，其中主要作为土壤封闭使用（主要杀灭萌动期间及出苗后2叶期之内的杂草）的除草剂34种，作为茎叶杀草使用（主要通过茎叶吸收后枯死）为主的除草剂20种（表2-1）。这54种除草剂涉及15种不同的作用机制，29种不同的化学类别，其中用量最大的类别主要是：酰胺类、ALS抑制剂类、ACCase抑制剂类，近几年来PPO抑制剂类和HPPD抑制剂类除草剂在稻田使用量发展迅速。我国稻田应用广泛的土壤封闭除草剂主要包括：丙草胺、丁草胺、苯噻酰草胺、噁草酮、二甲戊灵、苄嘧磺隆、吡嘧磺隆、氯吡嘧磺隆、乙氧磺隆、扑草净、异噁草松、乙氧氟草醚、禾草丹、禾草敌等，此外，双唑草腈、氟酮磺草胺等开始上市；应用广泛的茎叶杀草除草剂主要包括：五氟磺草胺、双草醚、嘧啶肟草醚、氰氟草酯、噁唑酰草胺、莎稗磷、敌稗、二氯喹啉酸、2甲4氯、灭草松、氯氟吡氧乙酸、唑草酮等。另外，氯氟吡啶酯开始上市使用，并且一些除草剂复配产品中添加了精噁唑禾草灵、异丙隆等活性成分。

稻田杂草群落通常由禾本科杂草、阔叶杂草、莎草科杂草共生，因此，稻田杂草防控也通常需多种除草剂活性成分进行组合复配以扩大杀草谱、提高药效。目前我国稻田登记使用的除草剂复配剂包括二元（两种活性成分组合）和三元（三种活性成分组合）复配剂，在一些国家允许登记四元和五元复配剂。现今，我国稻田登记的除草剂复配剂共有149种，其中含有苄嘧磺隆和吡嘧磺隆的复配剂最多，均超过了30个（表2-2），含有五氟磺草胺、氰氟草酯的复配剂分别多达23种和21种，含有丙草胺、丁草胺、二氯喹啉酸、苯噻酰草胺、噁草酮、二甲戊灵、乙氧氟草醚、双草醚的复配剂品种均超过10个。克草胺、噁嗪草酮、环戊噁草酮、双唑草腈、嘧苯胺磺隆、双环磺草酮、氟吡磺隆、丙嗪嘧磺隆、嗪吡嘧磺隆、环酯草醚等10种有效成分尚没有复配剂产品登记。

表2-1　我国登记在稻田使用的除草剂活性成分

作用机制类型	化学类别	活性成分
乙酰辅酶A羧化酶（ACCase）抑制剂（A）	芳氧基苯氧基丙酸酯类	氰氟草酯、精噁唑禾草灵、噁唑酰草胺
乙酰乳酸合酶（ALS）、乙酰羟酸合酶（AHAS）抑制剂（B）	磺酰脲类	苄嘧磺隆、吡嘧磺隆、氯吡嘧磺隆、乙氧磺隆、氟吡磺隆、醚磺隆、嘧苯胺磺隆、丙嗪嘧磺隆、嗪吡嘧磺隆
	嘧啶基（硫代）苯甲酸酯类	双草醚、嘧啶肟草醚、环酯草醚、嘧草醚
	三唑并嘧啶磺酰胺类	五氟磺草胺、氟酮磺草胺
光系统ⅡA位点抑制剂（C1）	三嗪类	扑草净、西草净
光系统ⅡA位点抑制剂（C2）	取代脲类	异丙隆
	酰胺类	敌稗
光系统ⅡB位点抑制剂（C3）	苯并噻二嗪酮	灭草松
原卟啉原氧化酶（PPO）抑制剂（E）	二苯醚类	乙氧氟草醚
	三唑啉酮类	唑草酮
	噁二唑类	噁草酮、丙炔噁草酮
	噁唑啉二酮类	环戊噁草酮
	其他类	双唑草腈

（续）

作用机制类型	化学类别	活性成分
八氢番茄红素脱氢酶(PDS)抑制剂(F1)	吡啶酰胺类	吡氟酰草胺
对-羟基丙酮酸双氧化酶（HPPD）抑制剂（F2）	三酮类	硝磺草酮、双环磺草酮、呋喃磺草酮
1-脱氧-D-木酮糖-5-磷酸合成酶(DOXP)抑制剂（F3）	异噁唑烷酮类	异噁草松
5-烯醇式丙酮莽草酸-3-磷酸合成酶(EPSPS)抑制剂（G）	甘氨酸类	草甘膦
微管组装抑制剂(K1)	二硝基苯胺类	二甲戊灵、仲丁灵
细胞有丝分裂抑制剂（K3）	氯乙酰胺类	乙草胺、丁草胺、丙草胺、甲草胺、克草胺、异丙甲草胺
	氧乙酰胺类	苯噻酰草胺
	其他类（有机磷类）	莎稗磷
合成激素（O）	苯氧羧酸类	2甲4氯
	嘧啶羧酸类	环丙嘧啶酸
	吡啶羧酸类	氯氟吡氧乙酸
	芳香基吡啶甲酸类	氯氟吡啶酯
	喹啉羧酸类	二氯喹啉酸
脂质合成抑制剂(N)	硫代氨基甲酸酯类	禾草敌、禾草丹、哌草丹
作用机制不明	有机杂环类	噁嗪草酮

表 2-2　我国稻田登记的各种除草剂有效成分涉及的复配组合数（有效成分组合数）

有效成分	复配组合数		
	二元	三元	合计
苄嘧磺隆	19	16	35
吡嘧磺隆	13	21	34
五氟磺草胺	14	9	23
氰氟草酯	9	12	21
丙草胺	11	11	22
丁草胺	8	6	14
二氯喹啉酸	6	8	14
苯噻酰草胺	3	9	12
噁草酮	8	5	13
二甲戊灵	7	5	12
乙氧氟草醚	5	7	12
双草醚	7	3	10
西草净	4	4	8
2 甲 4 氯	6	2	8
唑草酮	5	3	8
扑草净	3	4	7
异噁草松	3	6	9
嘧啶肟草醚	3	4	7
氯氟吡氧乙酸	4	3	7
灭草松	6	1	7
乙草胺	3	4	7
异丙隆	3	3	6
硝磺草酮	5	1	6
丙炔噁草酮	5	2	7
莎稗磷	3	2	5
仲丁灵	3		3

（续）

有效成分	复配组合数		
	二元	三元	合计
噁唑酰草胺	3		3
嘧草醚	2	1	3
甲草胺		2	2
异丙草胺	2		2
异丙甲草胺	1	1	2
氯吡嘧磺隆		2	2
醚磺隆	2		2
禾草丹	2		2
精噁唑禾草灵	2		2
敌稗	2		2
氯氟吡啶酯	2		2
吡氟酰草胺	2		2
乙氧磺隆	1		1
氟酮磺草胺	1		1
呋喃磺草酮	1		1
哌草丹	1		1
禾草敌	1		1
草甘膦		1	1

本书详细列出了我国稻田登记使用的各种除草剂复配组合，各复配剂的杀草谱可参照复配剂所含活性成分的杀草谱之和。

第二节　土壤封闭使用为主的除草剂

一、丙草胺　Pretilachlor

氯乙酰胺类内吸传导型除草剂，细胞有丝分裂抑制剂，由先正达公司研发。代表性商品名：扫茀特（含安全剂解草啶）、瑞飞特

（不含安全剂）。

【防治对象】用于防除稻田稗草属杂草、千金子、马唐、牛筋草、窄叶泽泻、水苋菜、丁香蓼、母草、鸭舌草等一年生杂草，但对鳢肠、陌上菜、丁香蓼、碎米莎草防效不佳，对双穗雀稗、眼子菜、野慈姑、绿藻防效差。对稻李氏禾种子萌发的幼苗有抑制效果，但对其大苗防效差。

【特点】丙草胺是选择性芽前处理剂，可通过植物下胚轴、中胚轴和胚芽鞘吸收，根部略有吸收，干扰靶标杂草细胞内蛋白质合成。受害杂草幼苗扭曲，初生叶难伸出，叶色变深绿，生长停止，直至死亡。水稻对丙草胺有较强的降解能力，但水稻芽对丙草胺的耐药能力不强。在丙草胺中加入安全剂解草啶，可改善丙草胺对水稻芽及幼苗的安全性，但不影响丙草胺对靶标杂草的毒性。持效期可达 30～50 d。

【使用方法】水直播稻田，于催芽的水稻种子播后 3～5 d 内用有效成分 375～525 g/hm^2，兑水 450 kg/hm^2，土表均匀喷雾施药；旱直播稻田用有效成分 450～675 g/hm^2，水稻育秧田用有效成分 450～525 g/hm^2。水稻移栽田，有效成分 450～600 g/hm^2 于水稻移栽后 5～7 d，稗草 1.5 叶期，采用药土法撒施，施药时保持 3～5 cm 水层，施药后保水 5～7 d；抛秧田施用时，要求水稻秧龄在 3.5 叶以上，于抛秧立苗后方可施用，施药后的稻田保水层不能淹没稻苗叶以免产生药害。水直播稻田、秧田使用的丙草胺应含有安全剂；旱直播稻田、移栽田和抛秧田使用的丙草胺可以不含安全剂。

【注意事项】

（1）无论是单剂还是复配剂，不含安全剂的丙草胺制剂不能用于水直播稻田和秧田及高渗漏稻田，渗漏会把药剂过多地集中在根区，导致药害。药后田间不能积水，遇雨及时排水。

（2）丙草胺用药时间不宜太晚，稗草 1.5 叶期后使用影响药效。水稻 3 叶期以后，分解丙草胺能力较强，抛秧田施用丙草胺稻秧叶龄应达到 3 叶 1 心以上，或南方秧龄 20 d 以上，北方秧龄 30 d

以上。

【复配】

（1）苄嘧磺隆＋丙草胺　可用含量分别为2%＋28%的制剂（有效成分）360～540 g/hm²，或用含量分别为2%＋33%的制剂（有效成分）367～420 g/hm²，直播稻田于水稻播后2～4 d，土壤喷雾施用，稗草萌芽至立针期施药效果最佳。水稻移栽田使用，可用含量分别为4%＋36%的制剂（有效成分）420～480 g/hm²，或用含量分别为2%＋33%的制剂（有效成分）367～420 g/hm²，于水稻移栽后5～7 d，采用喷雾法施药，每公顷喷药液量450 kg，施药时保持稻田浅水层3～4 cm，保水5～7 d，以后恢复正常管理。也可以用含量分别为0.33%＋2.67%的颗粒剂（有效成分）337.5～450 g/hm²，或用含量分别为0.5%＋4.5%的颗粒剂（有效成分）262.5～337.5 g/hm²，或用含量分别为2%＋18%的制剂（有效成分）360～420 g/hm²，于水稻移栽或抛秧后5～7 d通过药土法撒施，施药时田内应保持水层3～5 cm，并在7 d内不排水。适宜在田间杂草萌发期，稗草1～2叶期施药。施药地块要平整，漏水地段、沙质土、漏水田使用效果差。对水藻急性毒性高毒，鱼、虾、蟹套养稻田禁用，开花植物花期、蚕室、桑园附近禁用，赤眼蜂等天敌放飞区慎用。对席草、荸荠、慈姑等阔叶作物敏感，注意防止漂移药害。不含安全剂的丙草胺制剂不能用于水直播稻田和秧田，以及高渗漏稻田播后苗前不可使用。

（2）吡嘧磺隆＋丙草胺　可用含量分别为1%＋29%的制剂（有效成分）300～450 g/hm²；或含量分别为3%＋35%的制剂（有效成分）285～342 g/hm²，直播田于水稻播种后2～5 d内，兑水450～750 kg/hm² 土壤喷雾施用；水稻移栽田和抛秧田，可用含量分别为5%＋50%的制剂（有效成分）412.5～577.5 g/hm²；或用含量分别为2.5%＋33.5%的制剂（有效成分）324～432 g/hm² 在抛秧、移栽后2～10 d通过药土法撒施，稻苗扎根后、稗草1.5叶期前施药效果最佳。施药时田间以畦面平整湿润、沟内有水为宜。施药前灌浅水3～5 cm，施药后保水5～7 d，勿使水层淹没水稻秧苗心叶。鱼、虾、蟹套养稻田禁用。不含安全剂的丙草胺制剂不能用于水直播稻田和秧田，以及高渗漏稻田播后苗前使用。

（3）吡嘧磺隆＋五氟磺草胺＋丙草胺　水稻直播田可用含量分别为 2%＋2%＋32%的制剂（有效成分）324～540 g/hm^2，茎叶喷雾施用；水稻移栽田，可用含量分别为 0.75%＋1.5%＋27.75%的制剂（有效成分）360～450 g/hm^2，茎叶喷雾施用，适宜施药时期为杂草 2～4 叶期。

（4）吡嘧磺隆＋丙草胺＋异噁草松　可用含量分别为 2%＋26%＋10%的制剂（有效成分）171～228 g/hm^2，土壤喷雾施用。于水稻直播 2～3 d 后杂草萌芽期兑水均匀喷雾。施药时田间以畦面平整湿润、沟内有水为宜。施药后 5 d 内保持田间湿润状态，严禁田水淹没水稻秧苗心叶。不含安全剂的丙草胺制剂不能用于水直播稻田和秧田，以及在高渗漏稻田播后苗前使用。

（5）苄嘧磺隆＋丙草胺＋异噁草松　可用含量分别为 4%＋24%＋10%的制剂（有效成分）177～200 g/hm^2，在水稻直播田播后苗前土壤喷雾使用；播种当天或播后 3 d 内用药，掌握稗草 1 叶 1 心期前施药除草效果最佳。施药时田沟内必须要有浅水，畦面不能积水，防止畦面淹水或干燥，施药后 5 d 内保持田间湿润状态，以免降低除草效果。秧苗 2 叶 1 心后，应灌浅水，保证药效得到充分发挥。水稻种子必须经过催芽再进行播种，若盲谷（未催芽）播种，待谷种露白后立即施药。不含安全剂的丙草胺制剂不能用于水直播稻田和秧田，以及在高渗漏稻田播后苗前使用。

（6）噁草酮＋丙草胺　该复配剂具有较多的配比，例如可用含量分别为 10%＋30%的制剂（有效成分）480～600 g/hm^2，或用含量分别为 11%＋27%的制剂（有效成分）513～627 g/hm^2，或用含量分别为 16.5%＋40.5%的制剂（有效成分）470.25～641.25 g/hm^2，或用含量分别为 5%＋20%的制剂（有效成分）562.5～656.25 g/hm^2，用于水稻移栽田，通过药土法撒施。水稻移栽前，田间整地完成田水沉浆后，拌干细土 150～225 kg/hm^2 均匀撒施。施药时田间水深 3～5 cm，不露泥，药后保水 3～5 d。注

意施药后田水不能淹没水稻秧苗心叶。

(7) 噁草酮+丙草胺+异噁草松　可用含量分别为12%+30%+12%的制剂（有效成分）567～729 g/hm²，在水稻移栽田，于水稻移栽前水整地沉浆后，拌土150～225 kg/hm² 撒施，施药时田间保持3～5 cm的水层，施药后保水5～7 d。插秧后水层勿淹没水稻心叶，漏水田勿使用。远离水产养殖区、河塘等水域施药，鱼、虾、蟹套养稻田禁用。

(8) 嘧啶肟草醚+丙草胺　可用含量分别为1.9%+28.7%的制剂在杂草出苗后茎叶喷雾施用，东北地区移栽稻田用量（有效成分）为384～480 g/hm²，其他地区移栽稻田用量（有效成分）为288～384 g/hm²；直播稻田用量（有效成分）为288～384 g/hm²。稗草2～3叶期施药最佳。直播田稻谷催芽后播种，播后7～12 d，水稻2叶1心施用，不能早于播后7 d内；移栽稻田移栽后7～15 d施药。喷雾兑水量300～450 kg/hm²，施药前排水，施药后1～3 d灌水并保持3～5 cm水层5～7 d。避免在极端天气如异常干旱、低温或高温、强降雨前等条件下施药，避免在地块不平整条件下施药，否则可能影响药效或导致作物药害。对蜜蜂、鱼类等水生生物、家蚕低毒，施药期间应避免对周围蜂群的影响，禁止在开花植物花期、蚕室和桑园附近使用，远离水产养殖区、河塘等水域施药，鱼、虾、蟹套养稻田禁用，施药后的药水禁止排入水体或浇灌蔬菜等。赤眼蜂等天敌放飞区域禁用。不含安全剂的丙草胺制剂不能用于水直播稻田和秧田，以及在高渗漏稻田播后苗前使用。

(9) 乙氧氟草醚+丙草胺　可用含量分别为5%+20%的制剂，东北地区移栽稻田用量（有效成分）为375～488 g/hm²，南方地区移栽稻田用量（有效成分）为244～300 g/hm²，药土法撒施防治多种杂草，如稗草、千金子、鸭舌草、节节菜等。水稻移栽前3～7 d撒施，施药时及施药后保持3～4 cm水层5～7 d，注意施药后水层勿淹没稻苗心叶避免药害。

(10) 乙氧氟草醚+丙炔噁草酮+丙草胺　可用含量分别为7%+2%+11%的制剂（有效成分）150～300 g/hm²，或用含量分别为7%+2%+7%的制剂（有效成分）120～168 g/hm²，或用含量分别为15%+3%+15%的制剂（有效成分）99～198 g/hm²，移栽田于水稻移栽前3～7 d（耕地整平后）通过药土法撒施，防治稗草、千金子、泽泻、野慈姑、鸭舌草、雨久花、节节菜、鳢肠等杂草，施药后2 d内不排水，插秧后保持3～5 cm水层，避免淹没稻苗心叶。远离蚕室及水产养殖区施药；鱼、虾、蟹等套养稻田禁用；施药后的田水不能直接排入水体；赤眼蜂等天敌放飞区域禁用。

(11) 乙氧氟草醚+噁草酮+丙草胺　可用含量分别为12%+7%+15%的制剂（有效成分）255～306 g/hm²，水稻移栽田药土法撒施，防治多种杂草如稗草、千金子、泽泻、野慈姑、鸭舌草、萤蔺、眼子菜、牛筋草、雨久花、节节菜、牛毛毡、鳢肠等。适宜施药时期为水稻移栽前3～5 d，杂草未萌发或萌发初期，即稻田灌水整平后呈泥水状态时，直接拌细沙土150～225 kg/hm²，均匀撒施。施药后保持田内3～5 cm水层，保水2 d。插秧时或插秧后水层勿淹没水稻心叶，以防产生药害。

(12) 硝磺草酮+丙草胺　可用含量分别为0.6%+4.4%的制剂（有效成分）675～825 g/hm²，移栽粳稻田（籼稻田使用不安全）直接撒施颗粒剂或药土法撒施。该除草剂复配组合的部分产品仅限于东北地区使用。不推荐抛秧田使用。粳稻田移栽后5～7 d水稻秧苗返青后，通过药肥、药土或单独均匀撒施，施药时和施药后田间需有水层3～5 cm，施药后保持水层5～7 d。

(13) 异丙隆+氯吡嘧磺隆+丙草胺　可用含量分别为29.5%+1.5%+16%的制剂（有效成分）564～846 g/hm²，水稻旱直播田通过土壤喷雾使用。水稻直播后2～4 d，稗草萌芽至立针期（1叶1心期）施药效果最佳，施药时田间以畦面平整湿润、沟内有水为宜。不含安全剂的丙草胺制剂不能用于水直播稻田和秧田，以及在高渗漏稻田播后苗前使用。

(14) 吡嘧磺隆+丙草胺+二氯喹啉酸　可用含量分别为0.3%+3.5%+2.2%的制剂（有效成分）360～540 g/hm²，水稻

移栽田或抛秧田通过药土法撒施。水稻抛秧或机插秧后7～10 d，水稻活棵后均匀撒施。施药前稻田须灌水3～5 cm，施药后要保水5～7 d。施药后田间缺水田要缓灌补水，切忌断水干田或淹没水稻心叶。用药后8个月内应避免种植棉花、大豆等敏感作物。下茬不能种植茄科、伞形科、豆科、锦葵科、葫芦科、菊科、旋花科等敏感作物。鱼、虾、蟹等套养稻田禁止使用。

（15）吡嘧磺隆＋丙草胺＋嘧草醚　可用含量分别为2%＋30%＋3%的制剂（有效成分）315～525 g/hm^2，水稻直播田于水稻直播后，杂草3叶期茎叶喷雾施用。不含安全剂的丙草胺制剂不能用于水直播稻田和秧田，以及在高渗漏稻田播后苗前使用。

（16）丙草胺＋醚磺隆　可用含量分别为19.5%＋1.5%的制剂（有效成分）378～472.5 g/hm^2，移栽稻田，于移栽返青后，通过药土法撒施。施用时先以1∶10的比例用水稀释后拌细沙土450 kg/hm^{2}撒施，施药后保持7～10 cm水层7 d以上。施药后遇大雨应及时排水，防止水层过深淹没水稻心叶，导致药害产生。漏水田块勿用；不适宜在糯稻田用药；远离水产养殖区、河塘等水体施药；鱼、虾、蟹套养稻田禁用；施药后的田水不得直接排入水体。

（17）西草净＋丙草胺　可用含量分别为2%＋12%的制剂（有效成分）546～714 g/hm^2，移栽田于水稻移栽前2～3 d，稻田灌水耙平后通过甩瓶法甩施。手持甩施瓶每走5～6步，左右各甩施一次。采用喷雾器甩喷施药时，应于水稻移栽前2～3 d，兑水75 kg/hm^{2}以上甩喷施药。施药时田间保持水层5～7 cm，施药后2 d内不排水；插秧后保持3～5 cm水层5～7 d，只灌不排，但避免水层淹没稻苗心叶，之后恢复正常田间管理。可有效防除稗草、异型莎草、鸭舌草、陌上菜、三棱草、鳢肠等杂草。对鱼类、溞类中毒，对藻类高毒，远离水产养殖区、河塘等水体施药；鱼、虾、蟹套养稻田禁用；赤眼蜂等天敌放飞区域禁用。

（18）丙草胺＋五氟磺草胺　可用含量分别为30%＋1%的制剂（有效成分）465～604.5 g/hm^2，水稻移栽田药土法撒施。水稻移栽后5～10 d返青时，于稗草1.5～2.5叶期施药，施药时保持

3～5 cm 水层，并保水 5～7 d。施药前后 1 周如遇最低温度低于 15 ℃天气，或施药后 5 d 内有 5 ℃以上大幅降温，存在药害风险。不宜在缺水田、漏水田及盐碱田使用。缓苗期、秧苗长势弱的田块使用有药害风险。鱼、虾、蟹套养稻田禁用。

（19）丙草胺＋五氟磺草胺＋氰氟草酯　可用含量分别为 20%＋1%＋7%的制剂（有效成分）336～504 g/hm²，直播稻田于杂草 2～3 叶期，兑水 300～450 kg/hm² 茎叶喷细雾施药。施药前排水使杂草茎叶 2/3 以上露出水面，施药后 1～3 d 内灌水，保持 3～5 cm水层 5～7 d。

（20）丙炔噁草酮＋丙草胺　可用含量分别为 5%＋26%的制剂（有效成分）372～558 g/hm²，或用含量分别为 5%＋30%的制剂（有效成分）525～630 g/hm²，水稻移栽田于水稻移栽前 3～7 d，稗草 1 叶期之前，稻田灌水整平后，兑水 7.5～9 kg/hm² 通过甩瓶甩施，甩施幅度 4 m，步速 0.7～0.8 m/s，甩施时田间保持 5～7 cm 的水层；也可以通过药土法撒施，拌土量为 225～300 kg/hm²。施药后 2 d 内不排水，插秧后保持 3～5 cm 水层 10 d 以上，避免水层淹没稻苗心叶。不推荐用于抛秧和直播水稻田及盐碱地水稻田。对水生藻类高毒，施用时应注意避免其污染江河、鱼塘等水域。鱼、虾、蟹套养稻田禁用；施药后的田水不得直接排入水体；赤眼蜂等天敌放飞区域禁用。

（21）丙炔噁草酮＋丙草胺＋异噁草松　可用含量分别为 4%＋15%＋7%的制剂（有效成分）331.5～390 g/hm²，或用含量分别为 6%＋30%＋12%的制剂（有效成分）324～468 g/hm²，水稻移栽田于水稻移栽前 3～7 d 喷雾施用，施药时田间保持 2～3 cm 的水层，施药后保水 5～7 d。插秧后水层勿淹没水稻心叶。施药的当年至次年春季，不宜种大麦、小麦、燕麦、谷子等，施药后的次年春季可种植大豆、玉米、棉花、花生。远离水产养殖区、河塘等水域施药，鱼、虾、蟹套养稻田禁用。

（22）丙炔噁草酮＋丙草胺＋乙氧氟草醚　可使用含量分别为 2%＋7%＋7%的制剂（有效成分）120～168 g/hm²，或使用含量分

别为 2%+11%+7%的制剂（有效成分）150～300 g/hm^2，或使用含量分别为 3%+15%+15%的制剂（有效成分）99～198 g/hm^2，水稻移栽田，于水稻移栽前 3～7 d 耕地整平后通过药土法撒施，施药时田间保持 2～3 cm 的水层，施药后 2 d 内不排水。插秧后保持3～5 cm 水层，水层勿淹没水稻心叶。远离蚕室及水产养殖区施药；鱼、虾、蟹等套养稻田禁用；赤眼蜂等天敌放飞区域禁用。

二、苯噻酰草胺 Mefenacet

氧乙酰胺类内吸传导型除草剂，细胞有丝分裂抑制剂。德国拜耳公司研发，1987 年在日本投产。在我国，1996 年丹东市农药厂先进行中试生产，1998 年 12 月获得登记并开始投入使用，随后多家企业进行登记和生产。代表性商品名：环草胺、除稗特。

【防治对象】可有效防除禾本科杂草，对萌芽至 2 叶期稗草有特效。对千金子、牛筋草、狗尾草、马唐防效也较好，对牛毛毡、泽泻、鸭舌草、节节菜、异型莎草、扁穗莎草、碎米莎草防效差。

【特点】通过芽鞘和根吸收，经木质部和韧皮部传导至杂草的幼芽和嫩叶，当禾本科杂草接触此药后很快聚集在生长点处抑制细胞分裂和生长，茎叶和根部生长点异常肥大，叶鞘变浓绿，植株生长受抑制最后茎叶变黄枯死。对水稻高度安全。

【使用方法】移栽稻田在水稻移栽后 5～7 d，稗草 2 叶期前，药土法撒施；直播田在水稻播种出苗后 1 叶 1 心期至 3 叶 1 心期（播后 15～20 d），稗草 1.5 叶左右，其他大部分杂草刚出土时均匀撒施。施药时田间应有 3～5 cm 浅水层并保水 5～7 d，如缺水可缓慢补水，不能排水，以免降低除草效果。

【注意事项】

（1）低洼排水不良的稻田使用易产生药害，水层淹过水稻心叶时易产生药害。

（2）沙质土、漏水田使用效果差。

（3）鱼、虾套养稻田禁用。

【复配】

(1) 苄嘧磺隆＋苯噻酰草胺　常见制剂含量分别为3%＋47%，不同商品推荐用量范围变化较大，例如（有效成分）375～450 g/hm²，408～612 g/hm²，663～816 g/hm²。水稻直播田、移栽田、抛秧田药土法撒施，防控多种杂草，如稗草、三棱草、异型莎草、母草、鸭舌草、泽泻、野慈姑、节节菜、牛毛菜、眼子菜、水芹、谷精草、合萌（田皂角）、田菁、扁穗莎草、碎米莎草、水莎草等。水稻移栽田，南方地区用量（有效成分）为408～510 g/hm²，北方地区用量（有效成分）为663～816 g/hm²，水稻移栽后5～7 d用药。水稻直播田，秧苗2叶1心期（南方地区稻田大约在播后8～11 d），稗草2叶期前用药。水稻抛秧田，可用含量分别为0.024%＋0.396%的颗粒剂，（有效成分）630～756 g/hm²于抛秧后5～10 d撒施。施药前田间保持水层3～4 cm，施药后保水5～7 d，如缺水可缓慢补水，不能排水。若水层淹过水稻心叶，药液漂移至水稻叶片易产生药害。

(2) 甲草胺＋苄嘧磺隆＋苯噻酰草胺　可用含量分别为8%＋6%＋16%的制剂（有效成分）270～360 g/hm²，用水稻移栽田泡腾剂片直接撒施。沿着田埂均匀抛撒，一般10 m宽为一抛撒带。移栽稻田于插秧前3～4 d或插秧后5～7 d施药，施药时水层5 cm左右，保水5～7 d，注意勿使水层淹没水稻心叶。青苔、藻类、水绵严重的田块慎用，漏水田慎用，水温低于10 ℃时慎用，直播田和秧田禁用。

(3) 苄嘧磺隆＋二氯喹啉酸＋苯噻酰草胺　可用含量分别为4.5%＋5.5%＋78%的制剂（有效成分）396～528 g/hm²，在直播稻田，于水稻3～4叶期，杂草2～4叶期茎叶喷雾施用。施药前放干田水，药后2 d回水，保持田间3～5 cm水层5～7 d后正常管理。大风天或预计6 h内降水勿施药。

(4) 苄嘧磺隆＋西草净＋苯噻酰草胺　可用含量分别为6%＋20%＋50%的制剂（有效成分）684～912 g/hm²，或用含量分别为6%＋20%＋54%的制剂（有效成分）360～480 g/hm²，水稻移栽

田拌细潮土（肥）225～300 kg/hm² 药土法撒施。最佳施药时期在水稻移栽后 7 d，稗草 1.5 叶期前。施药时田间应有 3～5 cm 水层，施药后保水 5～7 d，如缺水可缓慢补水，以免影响药效。施药后水层不应淹过水稻心叶。沙质土、漏水田影响使用效果。不可与碱性物质混用。

（5）苯噻酰草胺＋苄嘧磺隆＋莎稗磷　可用含量分别为 30%＋5%＋20%的制剂（有效成分）742.5～825 g/hm²，水稻移栽田、抛秧田药土法撒施，水稻移栽 5～7 d 缓苗后即可施用。施药时稻田内水层控制在 3～5 cm，施药后保水 7 d 以上，水层不能淹没稻苗心叶，10 d 内勿使田间药水外流。

（6）吡嘧磺隆＋苯噻酰草胺　可用含量分别为 1.8%＋48.2%的制剂在水稻移栽田通过药土法撒施。南方地区稻田用量（有效成分）为 375～525 g/hm²，北方地区稻田用量（有效成分）为 525～750 g/hm²。南方地区水稻移栽后 5～7 d，北方地区水稻移栽后7～10 d，稗草 1.5 叶期，用 225～300 kg/hm² 细潮土（肥）拌匀撒施。或用含量分别为 0.2%＋6.8%的颗粒剂（有效成分）609～756 g/hm²，于水稻移栽田撒施。水稻抛秧田，可用含量分别为 2%＋48%的制剂（有效成分）375～450 g/hm²，或用含量分别为 4.5%＋70.5%的制剂（有效成分）337.5～675 g/hm²，于水稻抛秧后 3～10 d、水稻缓苗后通过药土法撒施。此外，还有一些产品使用了其他的配比组合。施药时田间保水 3～5 cm，施药后保水 5～7 d，其间可以补水（但水层不应淹过水稻心叶），不能排水，注意勿使水层淹没水稻心叶。

（7）吡嘧磺隆＋苯噻酰草胺＋甲草胺　可用含量分别为 5%＋20%＋6%泡腾颗粒剂（有效成分）279～325.5 g/hm²，用于水稻移栽田直接撒施；或用含量分别为 4%＋20%＋7%的制剂，水稻移栽田于水稻移栽后 7～10 d，稗草 1.5 叶期，其他大部分杂草刚出土（水稻 4～5 叶期），通过药土法撒施，用量（有效成分）：南方地区为 139.5～186 g/hm²，北方地区为 232.5～325.5 g/hm²。施药时田间应有 3～5 cm 浅水层，施药后保水 3～7 d，如缺水可缓慢补水，以免影响药效。施药后水层不应淹过秧苗心叶。可有效防除稗草（稻稗）、雨久花、泽泻、眼子菜、狼杷草、鸭跖草、节节菜、千金子、萤蔺、陌上菜、牛毛毡、瓜皮草、异型莎草等。施药时应避开阔叶作物、水生作物。小苗移栽田、直播田、漏水田、弱苗田不能使用，粳、糯稻田使用容易发生药害。不可与碱性农药等混用。鱼、虾、蟹套养稻田禁用，赤眼蜂等天敌放飞区域禁用。若稻田内青苔、稻茬较多，应先扒开青苔、去除稻茬后施药，以免影响药剂扩散。

(8) 吡嘧磺隆＋苯噻酰草胺＋西草净　可用含量分别为2%＋40%＋14%的制剂（有效成分）627～840 g/hm^2，水稻移栽田于水稻移栽 7 d 后通过药土法撒施，对萌芽期至 2 叶期内多种杂草防效较好，如稻稗、野慈姑、泽泻、眼子菜、鸭跖草、水苋菜、陌上菜、萤蔺、雨久花、千金子、野荸荠、马唐、节节菜、牛筋草、三棱草、紫萍、牛毛毡、水莎草、狼杷草、异型莎草、稻李氏禾、匍茎剪股颖等。

(9) 乙氧磺隆＋苯噻酰草胺　水稻直播田可用含量分别为10%＋60%的制剂（有效成分）105～157.5 g/hm^2，播后 7～15 d，杂草 2～3 叶期茎叶喷雾施药，于无风晴天（或微风）时，兑水450 kg/hm^2 茎叶喷雾。施药前 1 d 将田水排干，保持土壤湿润，施药 2 d 后灌水至 3～5 cm 水层，水层不淹没水稻心叶，保水 5～7 d 后正常管理。水稻移栽田可用含量分别为 2.5%＋72.5%的制剂（有效成分）562.5～675 g/hm^2，于水稻移栽充分缓苗后药土法撒施，施药时及施药后 7～10 d 保持 3～5 cm 水层。鱼、虾、蟹套养的稻田禁用，施药后的田水不得直接排入水体。该除草剂对溞类、藻类有毒。赤眼蜂等天敌放飞区域禁用；不可与呈碱性的农药等物质混合使用。另有含量分别为 2.5%＋72.5%的制剂，推荐采用药土法撒施于水稻移栽田，推荐用量（有效成分）为 562.5～675 g/hm^2。

(10) 苯噻酰草胺＋氯吡嘧磺隆＋硝磺草酮　可用含量分别为25%＋1%＋3%的泡腾片剂，直接在水稻移栽田或南方直播稻田撒施，移栽水稻返青扎新根后（或南方直播稻 4～6 叶期）施用，南方地区用量（有效成分）为 652.5～870 g/hm²，北方地区为 870～1 087.5 g/hm²。用药时田间保持 3～5 cm 的水层 5～7 d，缺水时补水，注意水层不能淹没水稻心叶。在东北地区，水稻插秧 20～30 d 且水稻已返青扎新根后方可使用。盐碱地、冷凉山地、用地下冷水直接浇灌地、种子繁育地等先试验后方可使用。杂草叶龄过大、杂草出水过高，药效会下降。对鱼类有毒，鱼、虾、蟹套养的稻田禁用，赤眼蜂等天敌放飞区域禁用。

（11）异丙甲草胺＋苄嘧磺隆＋苯噻酰草胺　可用含量分别为 5%＋3%＋25%的制剂（有效成分）247.5～297 g/hm²，长江流域及其以南的水稻大苗（30 d 以上秧龄）抛秧田通过药土法撒施。于水稻抛秧后 4～6 d，水稻完全活苗后拌细土均匀撒施。水稻机插秧田、直播田、秧田、制种田、病弱苗田、漏水田均不能使用。

（12）乙草胺＋苄嘧磺隆＋苯噻酰草胺　可用含量分别为 4.5%＋1.5%＋30%的制剂（有效成分）216～270 g/hm²，水稻抛秧田通过药土法撒施。水稻移栽后 4～7 d，拌细沙土或肥料 150 kg/hm² 左右均匀撒施。施药前田间灌水层 3～5 cm，药后保水 5～6 d，水层不足时应缓慢补水，水层勿淹没水稻心叶。田块不平整容易导致药害。仅限于秧龄 3 叶 1 心期以上的水稻抛秧田使用。秧田、直播田、漏水田、倒苗田、弱苗田禁用。不可采用喷雾法施药，水稻秧苗上的露水未干不可施药。不可使含有该除草剂药液的田水流入荸荠田、席草田、藕田、鱼塘，以免发生药害。

三、丁草胺　Butachlor

氯乙酰胺类内吸传导型除草剂，细胞有丝分裂抑制剂，孟山都公司研发。代表性商品名：马歇特（不含安全剂）、新马歇特（含安全剂）。

【防治对象】 对以种子萌发的禾本科杂草、一年生莎草及部分一年生阔叶杂草，如稗草、马唐、牛筋草、狗尾草、千金子、水虱草、瓜皮草（矮慈姑）、牛毛毡、鸭舌草、尖瓣花、萤蔺、碎米莎草、异型莎草。对鳢肠、耳叶水苋、陌上菜、丁香蓼、节节菜防效不佳，对双穗雀稗、眼子菜、野慈姑、绿藻等防效差。

【特点】 主要通过杂草幼芽和幼小的次生根吸收，抑制体内蛋白质合成，使杂草幼株肿大、畸形，色深绿，最终导致死亡。

【使用方法】 不含安全剂的丁草胺适用于水稻移栽田、抛秧田、旱直播稻田，水直播稻田和秧田须使用含安全剂的丁草胺。水直播稻田于播种后 3～5 d，用有效成分 450～720 g/hm^2 新马歇特兑水 450 kg/hm^2，进行全田土壤喷雾；旱直播稻田在播后田间上水落干后，用有效成分 765～900 g/hm^2 兑水 450 kg/hm^2，进行全田土壤喷雾；移栽稻田用有效成分 750～1 200 g/hm^2 通过药土法撒施，于早稻插秧后 5～7 d，晚稻插秧后 3～5 d 施药，施药后田间保持水层 3～5 cm，水层不能超过秧苗心叶，北方地区稻田保水 5～7 d，南方地区稻田保水 3～5 d。

【注意事项】

（1）水直播稻田使用丁草胺易产生药害，应使用含有安全剂的丁草胺，如用不含安全剂的制剂应严格控制用量。

（2）施药期应在杂草出苗破土前为佳，杂草出苗后防效下降。如果整地后不能在 3～4 d 内插秧，应在整地后立即施药。

（3）丁草胺对鱼类毒性较强，含有丁草胺的除草剂不能用于鱼、虾、蟹套养稻田。施药后的田水不得直接排入水体。

【复配】

（1）丁草胺+噁草酮　用于水稻旱直播田、育秧田、移栽田。水稻旱直播田用含量分别为 50%+10%的制剂（有效成分）720～900 g/hm^2，播后苗前土壤喷雾。水稻旱育秧和半旱育秧田在落谷盖土浇水后，用含量分别为 34%+6%的制剂（有效成分）600～750 g/hm^2，兑水 750 kg/hm^2，盖膜前土壤喷雾施药。南方地区水稻移栽田，采用含量分别为 30%+6%的制剂（有效成分）810～1 080 g/hm^2，移栽前 2 d 兑水 300～450 kg/hm^2 喷雾施药，也可于水稻移栽后 5～7 d 药土法撒施。对 2 叶期以内的稗草有较好的防效，在直播稻田或育秧田使用时应掌握在秧苗 1 叶期后 2 叶期前。

稻田田块宜平整，直播稻田田块不平有积水易产生药害。

（2）丁草胺＋苄嘧磺隆　水稻抛秧田，可用含量分别为28.5％＋1.5％的制剂（有效成分）540～725 g/hm^2，药土法撒施。抛秧后5～8 d，待稻叶露水干后，拌细沙土375～450 kg/hm^2 均匀撒施，随拌随用。施药时稻田保持3～5 cm水层，但水层不能淹没水稻心叶，保水3～5 d。也可采用含量分别为0.304％＋0.016％的制剂（有效成分）681.75～757.5 g/hm^2，作为药肥混剂撒施。南方地区水稻移栽田，可用含量分别为33.7％＋1.3％的制剂（有效成分）540～675 g/hm^2，通过药土法撒施；水稻直播田和育秧田，可用含量分别为33.7％＋1.3％的制剂（有效成分）525～750 g/hm^2，在播前1～2 d或秧苗1.5叶期喷雾使用。不宜用于水稻漏水田、重沙田及盐碱田，不能与含铜的农药制剂及碱性药剂混用。

（3）丁草胺＋二甲戊灵　可用含量分别为48％＋12％的制剂（有效成分）1 080～1 620 g/hm^2，旱直播稻田土壤喷雾施用，防除稗草、马唐、狗尾草、千金子、牛筋草、鸭舌草、矮慈姑、碎米莎草、异型莎草、苋、藜、马齿苋、苘麻、龙葵等，于水稻播种覆土后2～3 d施用。黄瓜、菠菜、韭菜、谷子、高粱对该药剂敏感，施药时避免漂移药害。

（4）异丙隆＋苄嘧磺隆＋丁草胺　可用含量分别为24％＋2％＋24％的制剂（有效成分）375～450 g/hm^2，南方地区直播田，水稻播种苗前进行土壤喷雾或药土法施用，防治多种杂草，如千金子、稗草、异型莎草、鳢肠、节节菜、丁香蓼、眼子菜、牛毛毡、鸭舌草等。于水稻播种后至立针前使用，兼有土壤封闭和芽后早期除草活性，适用于水直播、旱直播稻田。播种盖土后可立即用药，田间有积水时不宜施药。药后保持田间土壤湿润而不能有积水，水稻1叶1心期后才能建立水层，但水层不能淹没心叶。

（5）丁草胺＋五氟磺草胺　水稻移栽田可用含量分别为4.84％＋0.16％的颗粒剂（有效成分）744～967.5 g/hm^2 直接撒施，或采用含量分别为39％＋1％的悬乳剂（有效成分）431～800 g/hm^2 药土法撒施。水稻移栽后5～7 d，杂草萌发高峰至2叶期前施用，施药时及施药后田间保持 3～5 cm 水层 5～7 d，注意水层不要淹没水稻心叶。

(6) 丁草胺＋吡嘧磺隆＋异噁草松　可用含量分别为 60%＋2%＋8%的制剂（有效成分）735～1 050 g/hm²，水稻旱直播田播后苗前土壤喷雾处理，防治多种杂草，如千金子、马唐、双穗雀稗、稻稗、稗草、三棱草、泽泻、萤蔺、眼子菜、牛筋草、狼杷草、雨久花、节节菜、陌上菜、水莎草、野荸荠、牛毛毡、异型莎草、稻李氏禾等。水直播稻田禁用。大风天或预计 1 h 内降雨，勿施药。该除草剂对蜜蜂、家蚕和鱼类等水生生物有毒，赤眼蜂等天敌放飞区禁用，鱼、虾、蟹套养稻田禁用，施药后的田水不得直接排入水体。

(7) 丁草胺＋敌稗　可用含量分别为 35%＋35%的制剂（有效成分）1 743～1 890 g/hm²，秧苗 3 叶 1 心期茎叶喷雾施药。水稻移栽后 5～7 d，水稻抛秧后 7～10 d 用药，水稻直播后秧苗 2 叶 1 心期用药（南方地区大约播后 8～11 d），杂草萌发初期、稗草 2 叶期前用药，药前田间保持 3～4 cm 水层，药后保水 5～7 d，如缺水可缓慢补水，不能排水，水层淹过水稻心叶易产生药害。稗草超过 3 叶期药效下降。丁草胺对鱼毒性大，不能用于养鱼稻田，用药后的田水也不能排入鱼塘。不能与有机磷酸酯类和氨基甲酸酯类药剂、2,4-滴丁酯混用。盐碱较重的秧田，由于晒田引起泛盐，也会伤害水稻，可在保浅水或秧根湿润情况下施药，施药后不等泛碱，及时灌水淹稗和洗碱，以免产生药害。

(8) 丙炔噁草酮＋丁草胺　可用含量分别为 5%＋30%的制剂（有效成分）525～630 g/hm²，水稻移栽田进行土壤喷雾或药土法施用。水稻移栽前 3～7 d，稻田灌水整平后呈泥水或清水状态时兑水300～450 kg/hm² 喷雾或拌 45～105 kg/hm² 沙土（化肥）撒施，施药时田间应有 3～5 cm 水层，施药后至移栽后 7 d 内只灌不排，保持 3～5 cm 水层，且勿使水层淹没稻苗心叶，之后进行正常田间管理。水稻移栽后严禁喷雾处理。对水生藻类和鱼高毒，远离水产养殖区、河塘等水体施药；鱼、虾、蟹套养稻田禁用；施药后的田

水不得直接排入水体；赤眼蜂等天敌放飞区域禁用。

(9) 西草净＋丁草胺　可用含量分别为 1.3%＋4%的颗粒剂，在水稻移栽田直接撒施或拌细土撒施，南方地区用量（有效成分）795～1 192.5 g/hm^2，北方地区用量（有效成分）1 192.5～1 590 g/hm^2。水稻移栽后 4～11 d 施用，施药时气温宜介于 15～30 ℃间，施药后须保持 3～5 cm 水层 5～7 d。鱼、虾、蟹套养稻田禁用。

(10) 丁草胺＋扑草净　可用含量分别为 1%＋0.2%的粉剂（有效成分）1 200～1 500 g/hm^2，对水稻秧田通过药土法撒施，秧田覆土厚度不能薄于 0.5 cm，覆土不能用沙代替。或用含量分别为 30%＋10%的制剂（有效成分）1 600～2 000 g/hm^2，在水稻旱育秧田或半旱育秧田通过土壤喷雾施药防治一年生杂草。播种覆土后盖膜前兑水 1 500 kg/hm^2 喷洒于苗床。苗床施药前要浇透水但不能有积水，水稻秧苗 3 叶期前床土要保持湿润。

(11) 丁草胺＋苄嘧磺隆＋扑草净　可用含量分别为 28%＋1%＋4%的制剂（有效成分）1 320～1 650 g/hm^2，在水稻旱育秧田、半旱育秧田进行土壤喷雾施药。播种覆土后盖膜前施药，兑水 750 kg/hm^2，搅拌均匀喷洒于苗床。苗床施药前要浇透水，但苗床面上不可积水。

(12) 乙氧氟草醚＋噁草酮＋丁草胺　可用含量分别为 7%＋3%＋12%的制剂（有效成分）247.5～330 g/hm^2，或用含量分别为 12%＋7%＋24%的制剂（有效成分）258～387 g/hm^2，在水稻移栽田通过药土法撒施，对稗草、千金子、泽泻、野慈姑、鸭舌草、眼子菜、雨久花、节节菜、牛毛毡、鳢肠等均有较好的防效。适宜施药时期为水稻移栽前 3～5 d，杂草未萌发或萌发初期，即稻田灌水整平后呈泥水状态时，拌细沙土 150～225 kg/hm^2 撒施。施药后保持田内 3～5 cm 水层，药后 2 d 内尽量只灌不排，插秧时或插秧后，水层勿淹没水稻心叶，以防产生药害。鱼、虾、蟹套养稻田禁用，赤眼蜂等天敌放飞区域禁用，桑园及蚕室附近禁用，施药后的田水不得直接排入水体。

(13) 丁草胺+苄嘧磺隆+草甘膦　可用含量分别为18.3%+0.5%+31.2%的制剂(有效成分)3 000～3 750 g/hm^2，免耕直播稻田茎叶喷雾施用。免耕稻田于水稻播种前10～12 d对杂草进行茎叶喷雾用药，药后5 d左右灌水淹没杂草泡田3～5 d。田间无积水时播种，注意播种前需浸种催芽。

(14) 乙草胺+苄嘧磺隆+丁草胺　水稻移栽田可用含量分别为10.4%+1.9%+7.7%的制剂(有效成分)90～120 g/hm^2，水稻抛秧田可用含量分别为2.5%+1%+19%的制剂(有效成分)270～337.5 g/hm^2，于水稻移栽或抛秧后3～7 d，拌细沙土或肥料150 kg/hm^{2}左右均匀撒施。施药前田间灌水层3～5 cm，药后保水5～6 d，水层不足时应缓慢补水，水层勿淹没水稻心叶，田块不平整容易导致药害。秧田、直播田、漏水田、倒苗田、弱苗田禁用。不可采用喷雾法施药，水稻秧苗上的露水未干时不可施药。不可使含有该除草剂药液的田水流入荸荠田、席草田、藕田、鱼塘，以免发生药害。

四、乙草胺　Acetochlor

氯乙酰胺类内吸传导型除草剂，细胞有丝分裂抑制剂，由美国孟山都公司于1971年研发成功。最早的商品名：禾耐斯。

【防治对象】一年生禾本科杂草和部分小粒种子的阔叶杂草，对马唐、狗尾草、牛筋草、稗草、千金子等一年生禾本科杂草有特效，对藜科、苋科、蓼科杂草及鸭跖草、菟丝子等阔叶杂草也有一定的防效，对牛毛毡具有较好的防效，对异型莎草有一定的防效，对马齿苋、铁苋菜等防效差，对多数多年生杂草无效。总体而言，乙草胺对阔叶杂草防效较差。

【特点】可被植物幼芽吸收，单子叶植物通过芽鞘吸收，双子叶植物通过下胚轴吸收，有效成分在植物体内干扰核酸代谢及蛋白质合成，使幼芽、幼根停止生长，如果田间水分适宜幼芽未出土即被杀死。

【使用方法】长江流域及其以南地区水稻移栽田，用（有效成分）90～120 g/hm^2 进行药土法撒施。适用于5叶期以上，28～35 d秧龄的移栽苗，于水稻移栽后5～7 d，秧苗返青后，稗草出土前或出土后1.5叶期前，与适量细土或化肥拌匀后撒施。施药时田间应有3～5 cm水层，并保水4～5 d，水层不可淹没稻苗心叶。

【注意事项】

（1）水稻萌芽和幼苗期对乙草胺较敏感，不适宜用于弱苗、倒苗、短秧龄小苗稻田。

（2）黄瓜、菠菜、韭菜、谷子、高粱等作物对乙草胺较敏感，该药对鱼类有毒。

【复配】

（1）乙草胺＋苄嘧磺隆　水稻移栽田可用含量分别为15.5%＋4.5%的制剂（有效成分）84～118 g/hm^2，于移栽后5～7 d秧苗返青时，拌细沙土300 kg/hm^2，采用药土法撒施，防治多种杂草，如稗草、千金子、异型莎草、鸭舌草、水莎草、萤蔺、眼子菜、四叶萍、牛毛毡等。水稻移栽后5～20 d均可使用，也可以拌分蘖肥撒施。施药后稻田应保持3 cm左右水层，保水5～7 d，不可断水干田或水层淹没水稻心叶。对漏水田要采用续灌补水，药后遇大雨要及时排水。水稻抛秧田可用含量分别为5%＋5%的制剂（有效成分）67.5～90 g/hm^2 拌湿润细沙土150～300 kg/hm^2 撒施，或用含量分别为6%＋6%的大粒制剂（有效成分）57.6～79.2 g/hm^2 直接撒施，于水稻抛秧后5～7 d，苗直立扎根后，稗草1.5叶期前施药，施药时田面保水3～5 cm，施药后保水5～7 d，其间不能排水，只能补水，且防止水深淹没水稻心叶。适用于秧龄30 d以上的大苗抛秧田使用，沙质田、严重漏水田、秧田、直播田、病弱苗田、小苗田勿用。阔叶作物、韭菜、谷子、高粱等对该除草剂敏感，施药后对后茬敏感作物的安全间隔期应当在80 d以上。鱼、虾、蟹套养稻田禁用，远离水产养殖区施药。施药后遇大幅降温或升温，暴雨或灌深水淹苗，会对秧苗生长发育有暂时抑制作用，加强田间管理，换水洗田，补施叶面肥，7～10 d便可恢复。

（2）乙草胺＋苄嘧磺隆＋扑草净　可用含量分别为11.5％＋1.9％＋5.6％的制剂（有效成分）85.5～142.5 g/hm²，长江流域及其以南大苗移栽田，进行药土法撒施。不能用于秧田、直播田、抛秧田、小苗移栽田。宜在移栽秧苗返青后，稗草1.5叶期前施药，施药前田间灌水层3～5 cm，药后保水5～7 d，不可断水干田或水层淹没水稻心叶。切勿让含有该除草剂药液的稻田水流入慈姑、荸荠等敏感作物田内。施药后遇大幅度降温或升温天气会抑制秧苗生长，宜加强田间管理，温度正常后7～10 d便可恢复。

（3）乙草胺＋苄嘧磺隆＋苯噻酰草胺　可用含量分别为4.5％＋1.5％＋30％的制剂（有效成分）216～270 g/hm²，在水稻抛秧田通过药土法撒施。水稻移栽后4～7 d，拌细沙土或肥料150 kg/hm²左右均匀撒施。施药前田间灌水层3～5 cm，药后保水5～6 d，水层不足时应缓慢补水，水层不可淹没水稻心叶，田块不平整容易导致药害。仅限于秧龄3叶1心期以上的水稻抛秧田使用，秧田、直播田、漏水田、倒苗田、弱苗田禁用。不可采用喷雾法施药，水稻秧苗上的露水未干时不可施药。不可使含有该除草剂药液的田水流入荸荠田、席草田、藕田、鱼塘，以免发生药害。

（4）乙草胺＋苄嘧磺隆＋丁草胺　水稻移栽田可用含量分别为10.4％＋1.9％＋7.7％的制剂（有效成分）90～120 g/hm²，水稻抛秧田可用含量分别为2.5％＋1％＋19％的制剂（有效成分）270～337.5 g/hm²，于水稻移栽或抛秧后3～7 d，拌细沙土或肥料150 kg/hm²左右均匀撒施。施药前田间灌水层3～5 cm，施药后保水5～6 d，水层不足时应缓慢补水，水层不可淹没水稻心叶，田块不平整容易导致药害。秧田、直播田、漏水田、倒苗田、弱苗田禁用。不可采用喷雾法施药，水稻秧苗上的露水未干时不可施药。不可使含有该除草剂药液的田水流入荸荠田、席草田、藕田、鱼塘，以免发生药害。

（5）乙草胺＋苄嘧磺隆＋二氯喹啉酸　可用含量为15.4％＋2.8％＋1％的制剂（有效成分）86.4～115.2 g/hm²，水稻移栽田，早稻移栽后5～7 d，晚稻移栽后3～5 d，采用药土法撒施防治多种

杂草，如稗草、鸭舌草、四叶萍、瓜皮草、陌上菜、莎草、异型莎草、牛毛毡等。

（6）乙草胺＋醚磺隆　可用含量分别为 21％＋4％的制剂（有效成分）75～112.5 g/hm²，在长江流域及其以南地区大苗移栽稻田，通过药土法撒施。在水稻移栽后 5 d 秧苗开始返青、杂草未出土或 1～2 叶期时施药效果最佳。撒药前后田间应保持 3～5 cm 水层，水深不得淹没秧苗心叶，施药后继续保水 7 d。喷雾和泼浇法施药可导致水稻严重药害。

（7）扑草净＋乙草胺　可用含量分别为 20％＋20％的制剂（有效成分）120～180 g/hm²，移栽田于水稻插秧后 3～5 d 通过药土法撒施，或在南方地区用含量分别为 13.5％＋6.5％的制剂（有效成分）240～300 g/hm²，在水稻移栽田通过药土法撒施，防治多种杂草，如稗草、异型莎草、鸭舌草、牛毛毡、节节菜等。最高气温 30 ℃以下地区，大苗移栽后 10～25 d 均可施药，拌细沙土 300～450 kg/hm² 均匀撒施，施药时田内水层 3～5 cm，施药后保水 5～7 d。保水期田内水层不足时应随时补水，不能串灌、漫灌和排水。气温高的地区，应减量使用；漏水田、沙质土田不可使用。

五、甲草胺　Alachlor

氯乙酰胺类内吸传导型除草剂，细胞有丝分裂抑制剂，美国孟山都公司 1969 年研发，我国于 20 世纪 80 年代开始使用。选择性芽前土壤处理使用。别名：拉索。

【防治对象】稗草、马唐、牛筋草、狗尾草、马齿苋、藜、蓼等一年生禾本科杂草和部分阔叶杂草。

【特点】可被植物幼芽吸收，后向上传导；种子和根也吸收传导，但吸收量较少，传导速度慢。出苗后主要靠根吸收向上传导。甲草胺进入植物体内抑制蛋白质合成，造成芽和根停止生长，不定根无法形成而死亡。

【使用方法】水稻移栽田于插秧前 3～4 d 或插秧后 5～7 d 与其

他除草剂复配撒施。

【注意事项】积水的低洼地不宜使用。

【复配】

（1）甲草胺＋苄嘧磺隆＋苯噻酰草胺　可用含量分别为8%＋6%＋16%的制剂（有效成分）270～360 g/hm²，水稻移栽田泡腾片剂直接撒施。沿着田埂均匀抛撒，一般10 m宽为一抛撒带。移栽稻田插秧前3～4 d或插秧后5～7 d施药，施药时水层5 cm左右，保水5～7 d，注意勿使水层淹没水稻心叶。直播田和秧田禁用。青苔、藻类、水绵严重的田块慎用，漏水田慎用，水温低于10 ℃时慎用。

（2）吡嘧磺隆＋苯噻酰草胺＋甲草胺　可用含量分别为5%＋20%＋6%泡腾颗粒剂（有效成分）279～325.5 g/hm²，在水稻移栽田直接撒施；或用含量分别为4%＋20%＋7%的制剂，水稻移栽田，于水稻移栽后7～10 d，稗草1.5叶期，其他大部分杂草刚出土（水稻4～5叶期），采用药土法撒施，用量（有效成分）：南方地区139.5～186 g/hm²，北方地区232.5～325.5 g/hm²。施药时田间应有3～5 cm浅水层，施药后保水3～7 d，如缺水可缓慢补水，以免影响药效，施药后水层不应淹过水稻心叶。可有效防除稗草（稻稗）、雨久花、泽泻、眼子菜、狼杷草、鸭跖草、节节菜、千金子、萤蔺、陌上菜、牛毛毡、瓜皮草、异型莎草等。施药时应避开阔叶作物、水生作物，小苗移栽田、直播田、漏水田、弱苗田不能使用。粳、糯稻田使用容易发生药害。不可与碱性农药等物质混用。鱼、虾、蟹套养稻田禁用，赤眼蜂等天敌放飞区域禁用。若稻田内青苔、稻茬较多，应先扒开青苔、去除稻茬后施药，以免影响药剂扩散。

六、克草胺　Ethachlor

氯乙酰胺类内吸传导型除草剂，细胞有丝分裂抑制剂。我国沈阳化工研究院1983年研制，目前由大连九信作物科学有限公司生

产原药和制剂。

【防治对象】稗草、马唐、狗尾草、马齿苋、藜、大巢菜、萹蓄、鸭舌草、牛毛毡等。

【特点】克草胺的持效期 30 d 左右，不影响下茬作物，对主要靶标杂草的活性高于丁草胺，但对水稻的安全性低于丁草胺。

【使用方法】用量（有效成分）：东北地区移栽稻田 528.8～705 g/hm^2，其他地区移栽稻田 352.5～528.8 g/hm^2。北方地区水稻移栽后 5～7 d，南方地区水稻移栽后 3～6 d，拌细土撒施，药后保持 2～3 cm 浅水层 5～7 d。旱田可以与绿麦隆、扑草净混用。

【注意事项】

（1）不宜在水稻秧田、直播田及小苗、弱苗田和漏水田使用。

（2）水稻芽期及瓜类蔬菜、菠菜、高粱、谷子等对克草胺敏感，不宜使用。

（3）药后如遇大雨水层增高，淹没心叶易产生药害，要注意排水。

（4）不可与呈碱性的农药混合使用。

七、异丙草胺 Propisochlor

氯乙酰胺类内吸传导型除草剂，细胞有丝分裂抑制剂。1991 年匈牙利氮化公司研发。其他名称：普乐宝、扑草胺、杂草胺、普安保。

【防治对象】一年生禾本科杂草及部分小粒种子阔叶杂草，如稗草、牛筋草、马唐、千金子、狗尾草、金狗尾草、早熟禾、龙葵、画眉草、黎、反枝苋、鬼针草等。

【特点】杀草谱广，但只对萌芽期杂草有效。可应用于大豆、玉米、棉花、甜菜、花生、马铃薯、向日葵、豌豆、洋葱、苹果、葡萄等作物田。

【使用方法】南方地区水稻移栽田采用药土法。水稻移栽后3～5 d，按照有效成分 112.5～150 g/hm^2 的剂量，用少量水稀释后拌细土（或化肥）225～300 kg/hm^2 均匀撒施。药前稻田保持 3～

4 cm 水层，药后保持水层 7～10 d。

【注意事项】

（1）施药时及施药后稻田水层不能淹没水稻心叶。适用于长江流域及其以南大苗移栽田，不能用于秧田、直播田或抛秧田。

（2）慈姑、荸荠、小麦、谷子、黄瓜、高粱等对该除草剂敏感，注意防止漂移药害。

【复配】

（1）苄嘧磺隆＋异丙草胺　可用含量分别为 3.5％＋15％的制剂（有效成分）111～138.8 g/hm^2、含量分别为 5％＋25％的制剂（有效成分）135～180 g/hm^2［部分产品推荐剂量（有效成分）为 112.5～135 g/hm^2］，水稻移栽田通过药土法撒施。水稻移栽后5～7 d（稻苗返青后），稗草 1 叶 1 心期前，拌湿细土 225～300 kg/hm^2，待稻叶上露水干时均匀撒施。施药时稻田内须有 3～5 cm 水层，施药后 7 d 内不排水。适用于长江流域及其以南地区大苗移栽田，不可用于秧田、直播田或抛秧田。该除草剂限用于阔叶杂草优势、稗草发生量少的稻田，不可与碱性物质混合施用。低温下对小苗弱秧田易出现抑制现象。

（2）乙氧氟草醚＋异丙草胺　可用含量分别为 5％＋45％的制剂（有效成分）112.5～150 g/hm^2，移栽田于水稻移栽后 3～5 d 通过药土法撒施，施药时保持田内 3～5 cm 水层，施药后保水 7 d 左右，下雨或灌水前后施药最好，注意水层勿淹没水稻心叶。用药后土壤长期干燥将降低药效。可有效防治藜、马齿苋、反枝苋、稗草、狗尾草、鳢肠、鸭跖草、马唐、牛筋草、画眉草等。不得用于水稻秧田及直播田。

八、异丙甲草胺　Metolachlor

氯乙酰胺类内吸传导型除草剂，细胞有丝分裂抑制剂。其他名称：都尔、甲氧毒草胺、屠莠胺、稻乐思。20 世纪 90 年代开始在全国各地广泛使用，目前广泛使用的是外消旋体 S-异丙甲草胺，

为精异丙甲草胺。

【防治对象】稗、马唐、狗尾草、千金子、画眉草等一年生禾本科杂草及马齿苋、苋、藜等部分小粒种子阔叶杂草。

【特点】广谱性播后苗前除草剂。可在大豆、玉米、棉花、花生、马铃薯、白菜、菠菜、蒜、向日葵、芝麻、油菜、萝卜、甘蔗等农作物上使用，也可以在果园及其他豆科、十字花科、茄科、菊科和伞形花科作物上使用。主要通过幼芽吸收，向上传导，抑制幼芽与根的生长，其作用机制主要是抑制发芽种子蛋白质合成，并干扰卵磷脂形成，使杂草心叶扭曲、萎缩，皱缩后整株枯死。

【使用方法】在南方稻区，适宜的施药时期为水稻移栽后5～7 d，可用有效成分108～216 g/hm^2，全田土壤喷雾。

【注意事项】

（1）水稻萌芽及幼苗期对该除草剂较敏感，对移栽田水稻秧龄30 d以上的粗壮大苗较安全。不宜在弱苗、小苗稻田及秧田和直播田使用。

（2）对阔叶杂草防效较差。

【复配】

（1）苄嘧磺隆＋异丙甲草胺　可用含量分别为3％＋7％的制剂（有效成分）97.5～120 g/hm^2，水稻移栽田通过药土法撒施，于插秧前1～3 d，或早稻插秧后7～10 d，或晚稻插秧后3～7 d使用。或用含量分别为4％＋16％的泡腾粒剂（有效成分）150～180 g/hm^2，水稻移栽后3～7 d（即扎根直立后）、稗草1叶1心期施用。

（2）异丙甲草胺＋苄嘧磺隆＋苯噻酰草胺　可用含量分别为5％＋3％＋25％的制剂（有效成分）247.5～297 g/hm^2，长江流域及其以南地区的水稻大苗（30 d以上秧龄）抛秧田通过药土法撒施。于水稻抛秧后4～6 d，水稻完全活苗后拌细土均匀撒施。水稻机插秧田、直播田、秧田、制种田、病弱苗田、漏水田均不能使用。

九、哌草丹　Dimepiperate

硫代氨基甲酸酯类内吸传导型除草剂，酯质合成抑制剂。日本三菱油化公司开发。又称：优克稗、稗净。

【防治对象】1.5 叶期前稗草、牛毛毡。

【特点】在水稻与稗草间具有高选择性，能被植物根、茎、叶吸收并向顶传导。在水稻中迅速降解。在土壤中移动性小，温度、土质对其除草效果影响小。植物内源生长素的拮抗剂，使细胞内脂肪酸等合成受阻，破坏生长点细胞分裂。用药后杂草茎叶变褐，枯死需 1～2 周，药效期持续约 20 d。

【使用方法】旱育秧或湿润育秧田：在播种前或播种覆土后，用有效成分 1 125～1 875 g/hm^2 加水 375～450 kg/hm^2 进行床面喷雾。水育秧田：于播后 1～4 d，采用药土法撒施。薄膜育秧苗床用药量应适当降低。移栽田：插秧后 3～6 d，稗草 1.5 叶期前加水喷雾或拌成药土撒施，施药后田间保持 3～5 cm 水层 5～7 d。水直播田：播种后 1～4 d，施药方法同插秧移栽田。旱直播田：稗草 1.5～2.5 叶期可用哌草丹加敌稗复配防除。

【注意事项】哌草丹在低温条件下分散性差，不适用于北方育秧田。哌草丹对催芽或不催芽的种子都很安全，不会发生药害。

【复配】哌草丹＋苄嘧磺隆：可用含量分别为 16.6%＋0.6% 的制剂（有效成分）516～774 g/hm^2，在水稻秧田和南方直播田播后苗前土壤喷雾施用，播后 1～4 d 施药。也可于直播稻田和秧田播前 7 d 内施用。大风天或预计 1 h 内降雨勿施药。应避免在桑园、鱼塘、养蜂等场区施药。在土壤中移动性小，温度、土质对其除草效果影响小。

十、禾草丹　Thiobencarb

硫代氨基甲酸酯类内吸传导型除草剂，酯质合成抑制剂。1968

年日本组合化学研发。其他名称：杀草丹、灭草丹、稻草完。

【防治对象】对稗草、千金子、陌上菜、节节菜、异型莎草、碎米莎草、马唐、看麦娘、狗尾草、牛筋草等一年生杂草防效突出，对四叶萍、野慈姑、瓜皮草及多年生杂草防效较差。对乱草防效差。

【特点】主要通过杂草根部和幼芽吸收，作土壤处理剂使用，对水稻安全。也可用于麦类、大豆、花生、玉米、马铃薯、甜菜田及果园。

【使用方法】水稻移栽田：移栽后5～7 d秧苗返青后、稗草2叶期，通过喷雾或药土法施用，用量（有效成分）为1 890～2 970 g/hm^2，施药后保持3～5 cm水层5～7 d，水层自然落干。秧田：播种前2～3 d或水稻立针期（1.5～2叶）、稗草1～2叶期，通过药土法撒施，施药后保持2～3 cm水层5～7 d，温度高或地膜覆盖田的使用量酌减。直播田：水直播田可在播前2～3 d或播后秧苗2～3叶期施药；旱直播田可在播前施用或稻田上水后施用。

【注意事项】

（1）对3叶期稗草效果差，应掌握在稗草2叶1心前使用。

（2）稻草还田的移栽稻田，不宜使用杀草丹。

（3）不能与2,4-D混用，否则会降低除草效果。与敌稗混用效果好。

（4）沙质田或漏水田不宜使用禾草丹。有机质含量高的土壤应适当增加用量。

（5）水稻出苗至立针期不要使用，否则易产生药害。晚稻秧田用药后如遇高温，会产生不同程度的药害。冷湿田块或使用大量未腐熟的有机肥田块，水稻秧苗矮化时，应注意及时排水、晒田。

【复配】

（1）异丙隆＋禾草丹　可用含量分别为25%＋25%的制剂（有效成分）600～900 g/hm^2，于水稻直播田播前2～3 d土壤喷雾处理。

（2）禾草丹＋苄嘧磺隆　可用含量分别为35%＋0.75%的制

剂，在水稻移栽田、直播田、秧田通过药土法撒施防治多种杂草，如千金子、稗草、鸭舌草、泽泻、眼子菜、陌上菜、萤蔺、四叶萍、节节菜、狼杷草、野慈姑、矮慈姑、牛毛草、水虱草、三棱草等。用量（有效成分）：南方地区稻田 1 072.5～1 605 g/hm^2，北方地区稻田 1 605～2 145 g/hm^2，水稻秧田 804～1 072 g/hm^2，于水稻播后 3～5 d、移栽后 5～7 d 秧苗返青后、水稻秧苗立针期后稗草 2 叶期时施药。水直播稻田可在播种前通过药土法撒施。

十一、禾草敌　Molinate

硫代氨基甲酸酯类内吸传导型除草剂，酯质合成抑制剂。美国施多福公司开发。其他名称：禾大壮、草达灭、环草丹、杀克尔、禾草特。

【防治对象】能有效防除 1～4 叶龄的稗草，对千金子、狗尾草、马唐有较好防效，早期使用对牛毛草及异型莎草也有效。对阔叶杂草和多年生宿根性杂草无效。

【特点】能在水中均匀扩散，被杂草初生根和芽鞘吸收后，在生长点积累，从而阻止其蛋白质的合成，并通过对酶活性的抑制，使细胞失去能量供给，最终导致杂草生长点扭曲而死亡。

【使用方法】水稻直播田、移栽田、秧田，用（有效成分）2 184～3 003 g/hm^2 进行药土法撒施或喷雾施用，避免在水稻芽期施用。采用药土法施药后，保持 3 cm 左右的水层 5～7 d。秧田和直播田，整理好秧板后，于播种前 1～2 d 施用，或于秧田秧苗 3 叶期以上、稗草 2～3 叶期施用；移栽田，移栽后 4～5 d 施药；抛秧田，抛秧后 3～5 d 用药。可与敌稗、2 甲 4 氯、西草净、苄嘧磺隆、吡嘧磺隆、灭草松等多种防阔叶杂草除草剂混用。

【注意事项】

（1）禾草特挥发性强，应避免大风天施药。

（2）施用时，选择干燥的土或沙混拌成药土或药沙，随拌随施，避免药液挥发而降低除草效果。覆膜秧田采用表土施药法时，

施药后应立即用塑料薄膜严密覆盖。

（3）籼稻对禾草特敏感，剂量过高或用药不均匀，易产生药害。

【复配】

苄嘧磺隆＋禾草敌　可用含量分别为0.5％＋44.5％的制剂（有效成分）1 012.5～1 350 g/hm^2，在水稻秧田和直播田进行药土法撒施。秧苗2叶1心期（稗草1～3叶期）用药，施药时田间须保持水层3～5 cm，施药后保水5～7 d，水层不可淹没秧心。仅适合药土撒施，不得用于喷雾，药土应随拌随施，以防挥发失效。重沙田、漏水田不宜使用。

十二、二甲戊灵　Pendimethalin

二硝基苯胺类除草剂，微管组装抑制剂。代表性商品名：施田补。二甲戊灵是美国氰胺公司（现德国巴斯夫公司）研发的旱田除草剂，1975年在美国首先上市。

【防治对象】可有效防除稗草、马唐、狗尾草、千金子、画眉草、牛筋草、风花菜、繁缕、反枝苋、尖瓣花、异型莎草、碎米莎草、水虱草等；对鳢肠、马齿苋等也具有较好的防效。对狼杷草、鸭跖草、铁苋菜、丁香蓼防效不佳。

【特点】在杂草种子萌发过程中幼芽、茎和根吸收药剂后，抑制分生组织细胞分裂，进而抑制芽和次生根的形成。广泛用于棉花、玉米、水稻、马铃薯、大豆、花生、烟草以及蔬菜田土壤封闭除草。番茄、辣椒等茄科作物对该药较敏感。

【使用方法】旱直播田于水稻播后覆土3～4 cm、镇压杂草出苗前土壤喷雾施用，用量（有效成分）为742.5～990 g/hm^2。

【注意事项】

（1）注意避免水稻种子直接接触药液。

（2）沙质土、漏水田应用效果差。有机质含量低的沙质土壤，不宜使用。

(3) 对鱼有毒，应避免污染水源。

(4) 为减轻二甲戊灵的药害，在土壤处理时可先施药，后浇水，以增加土壤吸附，减轻药害。

(5) 二甲戊灵防除禾本科杂草效果比阔叶杂草好，在阔叶杂草较多的田块，可考虑同其他除草剂混用。

(6) 施药后1～7 d内如持续降雨，田间土表积水或雨水渗漏等情况可能导致水稻药害。

【复配】

(1) 丁草胺＋二甲戊灵　可用含量分别为48％＋12％的制剂（有效成分）1 080～1 620 g/hm^2，在旱直播稻田进行土壤喷雾施用，防治多种杂草，如稗草、马唐、狗尾草、千金子、牛筋草、鸭舌草、矮慈姑、碎米莎草、异型莎草、苋、藜、马齿苋、苘麻、龙葵等。水稻播种覆土后2～3 d施用。黄瓜、菠菜、韭菜、谷子、高粱对该药剂敏感，施药时避免漂移药害。

(2) 二甲戊灵＋吡氟酰草胺　可用含量分别为33％＋3％的制剂（有效成分）432～540 g/hm^2，旱直播稻田于水稻播后杂草出苗前土壤喷雾施用，防治多种杂草，如稗草、马唐、铁苋菜、丁香蓼、陌上菜等。水稻播种后要盖籽均匀不露籽，保持田面无积水。其他栽培方式的稻田不宜使用。切勿超剂量使用。

(3) 二甲戊灵＋噁草酮　水稻移栽田，可用含量分别为20％＋10％的制剂（有效成分）675～1 012.5 g/hm^2 药土法撒施；或用含量分别为30％＋12％的制剂（有效成分）504～630 g/hm^2 甩瓶法施用。水稻移栽后3～10 d，拌细潮土均匀撒施，施药后保持浅水层5～7 d，注意水层勿淹没水稻心叶。水稻旱直播田，可用30％＋10％的制剂（有效成分）700～900 g/hm^2，于水稻播种后2～5 d施药，采用土壤喷雾法。水稻旱育秧田，可用含量分别为33％＋6％的制剂（有效成分）351～585 g/hm^2 土壤喷雾施用。水稻旱秧田播种覆土润湿后喷雾，用药前请摇匀，兑水450～675 kg/hm^2 喷雾，施药后严禁田块有积水。遇连续阴雨且雨量偏大应保持沟渠排水畅通或避免用药，应在干籽播后4 d内用药，已发芽的田块禁止使用。甜

瓜、甜菜、西瓜、菠菜等作物对该除草剂敏感，鱼、虾、蟹套养稻田禁用。能防除稗草、千金子、马唐、异型莎草、碎米莎草、牛毛毡、鸭舌草、藜、苋、节节草、尖瓣花和萤蔺等杂草。

（4）二甲戊灵＋乙氧氟草醚＋噁草酮　可用含量分别为23%＋9%＋12%的制剂（有效成分）462～594 g/hm²，或用含量分别为22%＋12%＋11%的制剂（有效成分）337.5～405 g/hm²，在水稻移栽田进行药土法撒施。水稻移栽前整地沉浆后，拌干细土（沙）150～225 kg/hm² 均匀撒施。施药时田间水深 3～5 cm，不露泥，药后保水 5～7 d，施药后 2 d 内尽量只灌不排。插秧后遇雨应及时排水，以防止淹没秧苗心叶而影响水稻生长。漏水田勿用。

（5）二甲戊灵＋苄嘧磺隆　水稻旱直播田可用含量分别为16%＋4%的制剂（有效成分）120～180 g/hm²，土壤喷雾处理，于水稻播种盖土后出苗前施药，喷雾时兑水 450～750 kg/hm²。大风天或预计 1 h 内有降雨勿施药。水稻移栽田，可用含量分别为12%＋4%的制剂（有效成分）96～192 g/hm²，于水稻移栽后 5～7 d，拌土或化肥 150 kg/hm² 左右药土法撒施，施药时田间保持水层 3～5 cm，保水 5～7 d。大风天或预计 1 h 内有降雨勿施药。施药时及施药后保水期间防止水淹没秧苗心叶。勿与酸性、碱性物质混用，以免影响药效；漏水田、弱苗田慎用。

（6）二甲戊灵＋苄嘧磺隆＋异丙隆　可用含量分别为12.4%＋5.6%＋32%的制剂（有效成分）450～525 g/hm²，于旱直播水稻播种覆土后 1～2 d，兑水 450～600 kg/hm² 土壤喷雾施药。用药后要保证田间湿润无积水，过于干旱影响防除效果，如有积水易产生药害，于水稻 2 叶期后再建立水层。该除草剂对绿藻高毒，对赤眼蜂高风险，水直播田、虾蟹套养稻田不能施用该除草剂，用药后的田水不能直接排入河塘等水体。玉米对该除草剂敏感，施药时应注意，避免药液飘移到玉米田造成药害。

（7）二甲戊灵＋异噁草松　可用含量分别为16%＋2%的制剂（有效成分）175.5～216 g/hm²，在水稻移栽田药土法撒施，通常在水稻插秧返青后 5～7 d，稗草 1 叶 1 心前施药，将药剂与过筛细土 225～300 kg/hm^2 混拌均匀，于晴天露水消失后均匀撒施，也可结合返青肥与肥料混拌施用。施药时田地平整，保持水层 3～5 cm，施药后保水 4～6 d，缺水要缓慢补水，但不能排水。或用含量分别为 30%＋10%的制剂（有效成分）480～600 g/hm^2，在水稻直播田播后苗前，兑水 600～750 kg/hm^2 土壤喷雾施用。本复配剂可防除多种杂草，如稻稗、稗草、三棱草、泽泻、萤蔺、眼子菜、牛筋草、马唐、狼杷草、雨久花、节节菜、陌上菜、水莎草、野荸荠、牛毛毡、异型莎草等，对葡茎剪股颖、稻李氏禾也有较好防效。对蜜蜂、家蚕和鱼类等水生生物有毒，远离水产养殖区施药，禁止在河塘等水体中清洗施药器具。赤眼蜂等天敌放飞区禁用，鱼、虾、蟹套养稻田禁用，施药后的田水不得直接排入水体。播种期间田间积水易造成药害，勿超剂量施用。药剂在土壤中的生物活性可持续 6 个月以上，施药当年秋季（即施药后 4～5 个月）或次年春季（即施药后 6～10 个月）不宜种植小麦、大麦、燕麦、黑麦、谷子、苜蓿。施药后次年春季，可以移栽水稻，种植玉米、棉花、花生、向日葵等作物。

（8）二甲戊灵＋吡嘧磺隆＋异噁草松　可用含量分别为 30%＋2%＋10%的制剂（有效成分）504～630 g/hm^2，水稻直播田播后苗前，兑水 600～750 kg/hm^2 土壤喷雾。大风天或预计 1 h 内降雨请勿施药。对蜜蜂、家蚕和鱼类等水生生物有毒，开花植物花期、蚕室、桑园附近禁用，远离水产养殖区、河塘等水体施药，赤眼蜂等天敌放飞区禁用，鱼、虾、蟹套养稻田禁用，施药后的田水不得直接排入水体。

（9）二甲戊灵＋吡嘧磺隆　可用含量分别为 17%＋3%的制剂（有效成分）165～225 g/hm^2，或用含量分别为 30%＋3%的制剂（有效成分）297～396 g/hm^2，在水稻移栽田，于水稻移栽后 5～7 d，药土法撒施。施药田块要平整，水层 3～5 cm，施药后保水 5～7 d，防止水淹没稻苗心叶。若水层不足时可缓慢补水，但不能排水。漏水田、弱苗田慎用。对鱼类有毒，远离水产养殖区施药，禁止在河塘等水体中清洗施药器具，避免药液进入地表水体；养鱼稻田禁用，施药后的田水不得直接排入河塘等水体。

（10）二甲戊灵＋吡嘧磺隆＋嗯草酮　可用含量分别为38%＋4%＋21%的制剂（有效成分）425.25～519.75 g/hm²，在移栽田于水稻移栽前、稻田整地沉浆后，拌干细土150～225 kg/hm² 药土法撒施。施药时田间水层3～5 cm，施药后保水5～7 d，插秧时或插秧后遇雨应及时排水，勿使水层淹没水稻心叶。若水层不足时可缓慢补水。漏水田勿用。鱼、虾、蟹套养稻田禁用，施药后的田水不得直接排入河塘等水体。赤眼蜂等天敌放飞区域禁用。

（11）二甲戊灵＋乙氧氟草醚　可用含量分别为20%＋14%的制剂（有效成分）127.5～204 g/hm²，在水稻移栽田药土法撒施防治多种杂草，如稗草、马唐、牛筋草、千金子、苋、雨久花、鸭舌草、野慈姑、益母草、萤蔺、扁秆藨草、节节草、三棱草、异型莎草、碎米莎草等。水稻移栽前5～7 d，拌细沙或土均匀撒施，施药后保持3～5 cm水层3～5 d，水层勿淹没水稻心叶。

（12）二甲戊灵＋吡嘧磺隆＋乙氧氟草醚　可用含量分别为45%＋5%＋16%的制剂（有效成分）396～495 g/hm²，在水稻移栽田药土法撒施。水稻移栽前、稻田整地沉浆后，拌干细土150～225 kg/hm² 均匀撒施。施药时田间水层3～5 cm，施药后保水5～7 d。插秧时或插秧后遇雨应及时排水，勿使水层淹没水稻心叶，若水层不足可缓慢补水。漏水田勿用。

十三、仲丁灵　Bensulfuron-methyl

二硝基苯胺类触杀型兼局部内吸型除草剂，微管组装抑制剂，又名：地乐胺、双丁乐灵、止芽素。我国1991年开始登记生产。

【防治对象】 稗草、千金子、牛筋草、马唐、狗尾草、藜、苋、鳢肠等一年生禾本科杂草和小粒种子阔叶杂草，能兼治异型莎草、水虱草等莎草科杂草，对大豆田菟丝子也有较好的防除效果。对鸭跖草、铁苋菜、马齿苋等防效不佳。

【特点】 属于低毒型烟草抑芽剂。通过单子叶植物的幼芽、幼根和双子叶植物的下胚轴或其突起吸收，药剂进入植物体后，主要抑制分生组织的细胞分裂和分化，抑制幼根、幼芽生长，最终导致植物死亡。该除草剂杀草谱广，除草效果稳定，适于大豆、棉花、水稻、玉米、向日葵、马铃薯、花生、西瓜、甜菜、甘蔗和蔬菜等作物田施用，并且水溶性低，不容易污染地下水。

【使用方法】 水稻移栽田，插秧后3～5 d，用仲丁灵制剂（有效成分）1 440～1 800 g/hm^2，拌细土225～300 kg/hm^2 药土法撒施。水稻旱直播田，用仲丁灵制剂（有效成分）440～2 160 g/hm^2，于水稻播种覆土后2～3 d土壤喷雾处理。

【注意事项】 对已出苗杂草无效，用药前应先拔除已出苗杂草。对鱼有毒，远离水产养殖区施药，禁止在河塘中清洗施药器具。鱼、虾、蟹套养稻田禁用，施药后的田水不得直接排入水体。赤眼蜂等天敌放飞区禁用。仲丁灵易燃。

【复配】

（1）仲丁灵＋苄嘧磺隆　可用含量分别为30%＋2%的制剂（有效成分）240～336 g/hm^2，兑水450 kg/hm^2 以上在水稻直播田土壤喷雾处理。旱直播田，于水稻播种覆土后2～3 d土壤喷雾处理；水直播田，于播种前5 d左右施药。水稻出苗后不要施用。水产养殖区、河塘等水体附近禁用，鱼、虾、蟹套养稻田禁用，施药后的田水不得直接排入水体。赤眼蜂等天敌放飞区域禁用。

（2）仲丁灵＋噁草酮　可用含量分别为24%＋8%的制剂（有效成分）960～1 440 g/hm^2，移栽田于水稻移栽前1～3 d，稻田灌水整平呈泥水或清水状态时，拌细土150～300 kg/hm^2 药土法撒施。施药后保持3～4 cm水层，不排不灌，注意水层勿淹没水稻心叶，避免药害。对鱼类、溞类、藻类等水生生物有毒，禁止在河塘等水体中清洗施药器具，施药后的田水不得直接排入水体。鱼、虾、蟹套养稻田禁用，赤眼蜂等天敌放飞区禁用，远离水产养殖区、河塘等水体施药。

（3）仲丁灵＋硝磺草酮　可用含量分别为25%＋3%的制剂

（有效成分）840～1 050 g/hm²，移栽田水稻移栽后 5～7 d，拌细土 150～300 kg/hm² 药土法撒施。施药时保持 3～5 cm 水层，施药后保水 5～7 d，避免淹没稻苗心叶。对溞类、藻类等水生生物有毒，禁止在河塘等水体中清洗施药器具，远离水产养殖区施药，赤眼蜂等天敌放飞区禁用，鱼、虾、蟹套养稻田禁用。施药后的田水不得直接排入水体。

十四、异丙隆　Isoproturon

取代脲类内吸传导型除草剂，光系统ⅡA 位点抑制剂。Ciba-Geigy 与德国赫斯特公司研发。

【防治对象】在稻田施用，主要用于协同防除禾本科杂草。

【特点】主要由杂草根和茎叶吸收，在导管内随水分向上传导到叶片，多分布在叶尖和叶缘，干扰光合作用进行。阳光充足、温度高、土壤湿度大时利于药效发挥，干旱时药效差。

【使用方法】可播后苗前土壤处理，也可苗后茎叶处理。在直播水稻播后苗前或苗后早期采用有效成分 450～562.5 g/hm² 喷雾施药。适宜施药条件为气温 13～27 ℃，空气相对湿度 65%以上，风速 4 m/s 以下，晴天上午 8 点之前、下午 6 点以后。最好无露水时施药。

【注意事项】施用过磷酸钙的土地、作物生长势弱或受冻害、漏耕地段及沙性重或排水不良的稻田不宜使用。土壤湿度高利于根吸收传导，喷药前后降雨、温度高利于药效发挥；施药后遇寒流会加重冻害。播后苗前施药要力求整平地，播后覆土要精细，不露籽、不露根。药剂不宜施于播种层中。

【复配】

（1）异丙隆＋氯吡嘧磺隆＋丙草胺　可用含量分别为 29.5%＋1.5%＋16%的制剂（有效成分）564～846 g/hm²，在水稻旱直播田土壤喷雾处理。水稻直播后 2～4 d，稗草萌芽至立针期施药效果最佳，施药时田间以畦面平整湿润、沟内有水为宜。

(2) 二甲戊灵＋苄嘧磺隆＋异丙隆　可用含量分别为12.4%＋5.6%＋32%的制剂（有效成分）450～525 g/hm²，在旱直播水稻播种覆土后1～2 d，兑水450～600 kg/hm²土壤喷雾施药。在旱直播稻田施用时，用药后要保证田间湿润无积水，过于干旱影响防除效果，如有积水易产生药害，于水稻2叶期后再建立水层。对绿藻高毒，对赤眼蜂高风险，水直播田、虾蟹套养稻田不能施用。用药后的田水不能直接排入河塘等水体。玉米对该除草剂敏感，施药时应注意，避免药液飘移到玉米田造成药害。

(3) 异丙隆＋苄嘧磺隆　可用含量分别为56%＋4%的制剂（有效成分）360～450 g/hm²，在南方地区直播稻田进行播后苗前土壤喷雾施药，水直播稻田于播前1 d或播后2 d内施药，旱直播稻田于播后3～5 d施药，播后土壤湿度不够会导致药效下降。籼稻或含籼稻成分的杂交稻品种田块，严禁在水稻放叶后再用，否则易伤苗。制种秧田勿施用。也可用于南方地区水稻移栽田，于水稻移栽活棵后（栽后5 d左右），先灌水平田面，水层深度以不淹没水稻心叶为准，用有效成分540～720 g/hm²药土法撒施。

(4) 异丙隆＋苄嘧磺隆＋丁草胺　可用含量分别为24%＋2%＋24%的制剂（有效成分）375～450 g/hm²，在南方地区水稻直播田，通过土壤喷雾或药土法施用，防除多种杂草，如千金子、稗草、异型莎草、鳢肠、节节菜、丁香蓼、眼子菜、牛毛毡、鸭舌草等。于水稻播种后至立针前施用，兼有土壤封闭和芽后早期除草活性，适用于水直播、旱直播稻田。播种盖土后可立即用药，田间有积水时不宜施药。施药后保持田间土壤湿润而不能有积水，水稻1叶1心期后才能建立水层，但水层不能淹没水稻心叶。

(5) 异丙隆＋2甲4氯钠　可用含量分别为20%＋20%的制剂（有效成分）360～420 g/hm²，在水稻移栽田，于水稻移栽后15 d左右，水稻秧苗活棵后，土壤喷雾防治阔叶杂草和莎草，如泽泻、野慈姑、眼子菜、异型莎草等，对未出苗的稗草也具有较好的防效。

(6) 异丙隆＋禾草丹　可用含量分别为25%＋25%的制剂

(有效成分)600～900 g/hm²,水稻直播田于播后苗前土壤喷雾施药。鱼、虾、蟹套养稻田禁用,施药后的田水不得直接排入水体,远离水产养殖区、河塘施药,禁止在河塘等水体中清洗施药器具。对天敌赤眼蜂高毒,赤眼蜂放飞区禁用。

十五、噁草酮 Oxadiazon

噁二唑类有机杂环类原卟啉原氧化酶(PPO)抑制剂,触杀型除草剂,别名:恶草灵,代表性商品名:农思它。法国普朗克公司于20世纪70年代初研发。

【防治对象】稗草、千金子、马唐、雀稗、异型莎草、鸭舌草、瓜皮草、节节菜及多种苋科、藜科、大戟科、酢浆草科、旋花科一年生杂草。

【特点】主要通过杂草幼芽或茎叶吸收,对萌发期的杂草效果最好,随着杂草长大而效果下降,对成株杂草基本无效。适于水稻、大豆、棉花、甘蔗及果园施用。

【使用方法】噁草酮可用于水直播、旱直播及移栽稻田。旱直播田,水稻播后杂草出苗前用有效成分180～270 g/hm²,土壤喷雾施药。秧田、水直播田,整好地后田间还处于泥水状态时施用,保持水层2～3 d,排水后播种;亦可在秧苗1叶1心至2叶期施用,保持浅水层3 d。北方地区秧田用量(有效成分)为180～300 g/hm²,南方地区秧田用量(有效成分)为120～240 g/hm²。移栽田,可于水稻移栽前1～2 d或移栽后4～5 d,用瓶装甩施,施药后保持浅水层3 d,自然落干,北方地区移栽稻田用量(有效成分)为360～450 g/hm²,南方地区用量(有效成分)为240～360 g/hm²。抛秧田,抛秧前1～2 d最后一次整地时用(有效成分)240～360 g/hm²处理。

【注意事项】催芽播种秧田,必须在播种前2～3 d施药,如播种后马上施药,易出现药害。旱田使用,土壤要保持湿润,否则药效无法发挥;田间积水易导致药害。稻田用药后如遇低温、暴雨天气，应及时进行田间排水和采取措施补救。

【复配】

(1) 丁草胺+噁草酮　用于水稻旱直播、育秧田、移栽田。旱直播田，用含量分别为 50%＋10%的制剂（有效成分）720～900 g/hm^2，于播后苗前土壤喷雾。旱育秧田和半旱育秧田，在落谷盖土浇水后，用含量分别为 34%＋6%的制剂（有效成分）600～750 g/hm^2，兑水 750 kg/hm^2，于盖膜前土壤喷雾施药。南方地区水稻移栽田，用含量分别为 30%+6%的制剂（有效成分）810～1 080 g/hm^2，于移栽前 2 d 兑水 300～450 kg/hm^2 喷雾施药；也可于水稻移栽后 5～7 d 药土法撒施。对 2 叶期以内的稗草有较好的防效，在直播稻田或育秧田施用时应掌握在秧苗 1 叶期后 2 叶期前。稻田田块宜平整，直播稻田不平有积水易产生药害。

(2) 乙氧氟草醚+噁草酮+丁草胺　可用含量分别为 7%＋3%+12%的制剂（有效成分）247.5～330 g/hm^2，或用含量分别为 12%+7%+24%的制剂（有效成分）258～387 g/hm^2，在水稻移栽田通过药土法撒施。适宜施药时期为水稻移栽前 3～5 d，杂草未萌发或萌发初期，即稻田灌水整平后呈泥水状态时，拌细沙土 150～225 kg/hm^2 撒施。施药后保持田内 3～5 cm 水层，药后 2 d 内尽量只灌不排，插秧时或插秧后，水层勿淹没水稻心叶，以防产生药害。鱼、虾、蟹套养稻田禁用，赤眼蜂等天敌放飞区域禁用，桑园及蚕室附近禁用，施药后的田水不得直接排入水体。对稗草、千金子、泽泻、野慈姑、鸭舌草、眼子菜、雨久花、节节菜、牛毛毡、鳢肠等均有较好的防效。

(3) 噁草酮+丙草胺　该复配剂具有较多的配比，可用含量分别为 10%+30%的制剂（有效成分）480～600 g/hm^2，或用含量分别为 11%+27%的制剂（有效成分）513～627 g/hm^2，或用含量分别为 16.5%+40.5%的制剂（有效成分）470.25～641.25 g/hm^2，或用含量分别为 5%+20%的制剂（有效成分）562.5～656.25 g/hm^2，于水稻移栽田，通过药土法撒施。水稻移栽前，田间整地完成田水沉浆后，拌干细土 150～225 kg/hm^2 均匀撒施。施药时田间水深

3～5 cm，不露泥，施药后保水 3～5 d，注意施药后田水不能淹没水稻秧苗心叶。

(4) 噁草酮＋丙草胺＋异噁草松　可用含量分别为 12%＋30%＋12%的制剂（有效成分）567～729 g/hm²，在水稻移栽田，于水稻移栽前整地沉浆后，拌沙土 150～225 kg/hm² 撒施。施药时田间保持 3～5 cm 水层，施药后保水 5～7 d，注意水层勿淹没水稻心叶。漏水田勿施用。远离水产养殖区、河塘等水域施药，鱼、虾、蟹套养稻田禁用。

(5) 乙氧氟草醚＋噁草酮＋丙草胺　可用含量分别为 12%＋7%＋15%的制剂（有效成分）255～306 g/hm²，在水稻移栽田药土法撒施防治多种杂草，如稗草、千金子、泽泻、野慈姑、鸭舌草、萤蔺、眼子菜、牛筋草、雨久花、节节菜、牛毛毡、鳢肠等。适宜施药时期为水稻移栽前 3～5 d，杂草未萌发或萌发初期，即稻田灌水整平后呈泥水状态时，拌细沙土 150～225 kg/hm²，均匀撒施。药后保持田内 3～5 cm 水层，保水 2 d。插秧时或插秧后水层勿淹没水稻心叶，以防产生药害。

(6) 二甲戊灵＋噁草酮　水稻移栽田，可用含量分别为20%＋10%的制剂（有效成分）675～1 012.5 g/hm² 药土法撒施，或用含量分别为 30%＋12%的制剂（有效成分）504～630 g/hm² 甩瓶法施用。水稻移栽后 3～10 d，拌细潮土均匀撒施，施药后保持浅水层 5～7 d，注意水层勿淹没水稻心叶。水稻旱直播田，可用含量分别为 30%＋10%的制剂（有效成分）700～900 g/hm² 土壤喷雾施用。于水稻播种后 2～5 d 施药，采用土壤喷雾法；施药前排干田水，施药后保持 3～5 cm 水层 5～7 d。水稻旱育秧田，可用含量分别为 33%＋6%的制剂（有效成分）351～585 g/hm² 土壤喷雾施用。于水稻播种覆土润湿后，兑水 450～675 kg/hm² 喷雾，施药后严禁田块有积水，遇连续阴雨且雨量偏大应保持沟渠排水畅通或避免用药，应在干籽播后 4 d 内用药，已发芽的田块禁止使用。甜瓜、甜菜、西瓜、菠菜等作物对该除草剂敏感，鱼、虾、蟹套养稻田禁用。能防除稗草、千金子、马唐、异型莎草、碎米莎草、牛毛毡、鸭舌草、藜、苋、节节草和萤蔺等杂草。

(7) 二甲戊灵+吡嘧磺隆+噁草酮　可用含量分别为38%+4%+21%的制剂(有效成分)425.25~519.75 g/hm²，于水稻移栽前，稻田整地沉浆后，拌干细土150~225 kg/hm²药土法撒施，施药时田间水层3~5 cm，施药后保水5~7 d，插秧时或插秧后遇雨应及时排水，勿使水层淹没水稻心叶。若水层不足可缓慢补水，漏水田勿用。鱼、虾、蟹稻田套养禁用，施药后的田水不得直接排入河塘等水体。赤眼蜂等天敌放飞区域禁用。

(8) 二甲戊灵+乙氧氟草醚+噁草酮　可用含量分别为23%+9%+12%的制剂(有效成分)462~594 g/hm²，或用含量分别为22%+12%+11%的制剂(有效成分)337.5~405 g/hm²，在水稻移栽田药土法撒施。水稻移栽前整地沉浆后，拌干细土沙150~225 kg/hm²均匀撒施。施药时田间水深3~5 cm，不露泥，施药后保水5~7 d，施药后2 d内尽量只灌不排。插秧后遇雨应及时排水，以防止淹没秧苗心叶而影响水稻生长。漏水田勿用。

(9) 乙氧氟草醚+噁草酮　可用含量分别为4%+10%的制剂(有效成分)280~360 g/hm²，在水稻移栽田药土法撒施。水稻移栽后2~7 d内毒土法施药，水层以不淹没水稻心叶为准，缺水时要缓缓补水。远离水产养殖区、河塘等水体施药，禁止在河塘等水体中清洗施药器具。鱼、虾、蟹套养稻田禁用，施药后的田水不得直接排入水体。

(10) 乙氧氟草醚+噁草酮+莎稗磷　可用含量分别为12%+9%+16%的制剂，在水稻移栽田药土法或甩施法施用。用量(有效成分)：南方地区为222~277.7 g/hm²，北方地区为277.5~333 g/hm²。适宜施药时期为水稻移栽前3~5 d，稻田灌水整平后呈泥水状态时，拌细沙土150~225 kg/hm²均匀撒施。施药时保持田内3~5 cm水层，施药后2 d内尽量只灌不排，保水5~7 d，避免水层淹没稻苗心叶。

(11) 噁草酮+莎稗磷　可用含量分别为14%+21%的制剂(有效成分)367.5~525 g/hm²，在水稻移栽田药土法撒施。于水

稻移栽后 5～7 d，禾本科杂草和莎草科杂草 2 叶 1 心期前，拌细沙土 225～300 kg/hm^2 均匀撒施。

(12) 仲丁灵＋噁草酮 可用含量分别为 24％＋8％的制剂（有效成分）960～1 440 g/hm^2，移栽田于水稻移栽前 1～3 d，稻田灌水后呈泥水或清水状态时，拌土 150～300 kg/hm^2 药土法撒施。施药后保持 3～4 cm 水层，不排不灌，注意水层勿淹没水稻心叶，避免药害。对鱼类、溞类、藻类等水生生物有毒，禁止在河塘等水体中清洗施药器具，施药后的田水不得直接排入水体。鱼、虾、蟹套养稻田禁用，赤眼蜂等天敌放飞区禁用，远离水产养殖区、河塘等水体施药。

(13) 西草净＋噁草酮 可用含量分别为 13％＋12％的制剂，在水稻移栽田甩施，南方地区用量（有效成分）为 412～525 g/hm^2，北方地区用量（有效成分）为 693.75～825 g/hm^2；或用含量分别为 13％＋15％的制剂（有效成分）588～756 g/hm^2 药土法撒施。水稻移栽前 3～7 d 施用。

十六、噁嗪草酮 Oxaziclomefone

有机杂环类除草剂，作用机理不明。日本三菱油化株式会社与日本农业协作联合会共同研发。2014 年开始在我国登记使用。

【防治对象】稗草、沟繁缕、千金子、异型莎草等。对野慈姑、鸭舌草有一定的防效，对鳢肠、丁香蓼等阔叶杂草防效不佳。

【特点】主要由杂草的根部和茎叶基部吸收。杂草接触药剂后茎叶部失绿，停止生长，直至枯死。其有效成分使用量低、适宜施药期长、持效期长，对水稻安全性较高。

【使用方法】水直播田和移栽田，用量（有效成分）为 41～50 g/hm^2，秧田用量（有效成分）为 30～37.5 g/hm^2。水稻移栽田，移栽后5～7 d，兑水 450～675 kg/hm^2 均匀喷雾。施药时，田间有水层3～5 cm，保水 5～7 d，此期间只能补水，不能排水，水深不能淹没水稻心叶。秧田及直播田，水稻播种前 1 d或水稻 1 叶 1 心期，兑水450～675 kg/hm^2 均匀喷雾，施药后15 d内保持田面湿润，不能有积水。水稻出苗后需灌水时，水深不能淹没水稻心叶。

【注意事项】 需在稗草2叶期前喷雾。旱直播田不能施用。

十七、丙炔噁草酮 Oxadiargyl

噁二唑类含氮杂环类原卟啉原氧化酶（PPO）抑制剂，触杀型除草剂。商品名：稻思达、快噁草酮。法国罗纳·普朗克公司研发。

【防治对象】 能有效防除稗草、千金子、异型莎草、牛毛毡、碎米莎草、节节菜、鸭舌草、陌上菜、紫萍、水绵、小茨藻等杂草，也能杀伤和抑制萤蔺、扁秆藨草、藨草、荆三棱、雨久花、泽泻、野慈姑和眼子菜等。

【特点】 主要用于水稻、马铃薯、向日葵、蔬菜、甜菜、果园等苗前除草，可与多种磺酰脲类除草剂如苄嘧磺隆、吡嘧磺隆复配成制剂，具有高效、广谱、对后茬作物安全等特点。

【使用方法】 水稻移栽田，瓶甩法施用，南方地区用量（有效成分）为72 g/hm^2，北方地区用量（有效成分）为72～96 g/hm^2，于水稻移栽前3～7 d，稗草1叶期以前，稻田灌水整平后，将丙炔噁草酮倒入甩施瓶中，加水7.5～9 kg/hm^2，用力摇瓶至彻底溶解后，均匀甩施到保有5～7 cm水层的稻田中（甩施幅度4 m宽，步速0.7～0.8 m/s）。施药后2 d内不排水，插秧后保持3～5 cm水层10 d以上，避免淹没稻苗心叶。稻田采用喷雾器甩喷时，应于水稻移栽前3～7 d，兑水75 kg/hm^2 以上，甩喷施的药滴间距应小于0.5 m。

【注意事项】 丙炔噁草酮对水稻的安全幅度较窄，不宜用在弱苗田、制种田、抛秧田及糯稻田。不推荐用于抛秧和直播水稻田及盐碱地稻田。秸秆还田的稻田经旋耕整地、打浆后，须于水稻移栽前3～7 d趁清水或浑水施药，且秸秆要打碎并彻底与耕层土壤混均，以免因秸秆集中腐烂造成水稻根际缺氧引起稻苗受害。东北地

区水稻移栽前后两次用药防除稗草（稻稗）、三棱草、慈姑、泽泻等杂草时，可按说明先于栽前施用丙炔噁草酮，再于水稻栽后15～18 d施其他除草剂，两次施用除草剂的间隔期应在20 d以上。插秧时勿将稻苗淹没在施用丙炔噁草酮的水层中。

【复配】

（1）丙炔噁草酮＋吡嘧磺隆　可用含量分别为20％＋4％的制剂（有效成分）72～92 g/hm^2，或用含量分别为30％＋13％的制剂（有效成分）64.5～129 g/hm^2，在水稻移栽田药土法撒施或甩瓶法施用。在水稻移栽前3～7 d施用，施药时水层为3～5 cm，施药后保水5～7 d，严重漏水田不宜施用。鱼、虾、蟹套养稻田禁用，赤眼蜂等天敌放飞区域禁用，禁止在河塘等水体中清洗施药器具，施药后的田水不得直接排入水体。

（2）丙炔噁草酮＋丁草胺　可用含量分别为5％＋30％的制剂（有效成分）525～630 g/hm^2，水稻移栽田土壤喷雾或药土法施用。水稻移栽前3～7 d，稻田灌水整平后，兑水300～450 kg/hm^{2}喷雾，或拌45～105 kg/hm^{2}沙土（化肥）撒施，施药时田间应有3～5 cm水层，施药后至移栽后7 d内只灌不排，保持3～5 cm水层，勿使水层淹没稻苗心叶，之后进行正常田间管理。水稻移栽后严禁喷雾处理。对水生藻类和鱼高毒，远离水产养殖区、河塘等水体施药，鱼、虾、蟹套养稻田禁用，施药后的田水不得直接排入水体，赤眼蜂等天敌放飞区禁用。

（3）丙炔噁草酮＋乙氧氟草醚　可用含量分别为10％＋12％的制剂（有效成分）148.5～165 g/hm^2，或用含量分别为10％＋10％的制剂（有效成分）90～135 g/hm^2，或用含量分别为10.5％＋15.5％的制剂（有效成分）136.5～175.5 g/hm^2，在水稻移栽田，于水稻移栽后5～7 d，稻田灌水整平后，将药液兑水摇匀后均匀甩施到有3～7 cm水层的稻田中。施药后2 d内不排水，插秧后保持3～4 cm水层10 d以上，缺水补水，切勿进行大水漫灌淹没稻苗心叶。东北地区建议采用推荐剂量下限，避免施用高剂量。如遇极端天气或水稻病、弱苗严重时，不建议施用该药剂。不推荐用于抛秧田和直播水稻田及盐碱地稻田，鱼、虾、蟹套养稻田禁用，施药后的田水不得直接排入水体。

（4）五氟磺草胺＋丙炔噁草酮　可用含量分别为5%＋10%的制剂（有效成分）67.5～90 g/hm²，在移栽田，于水稻移栽后5～7 d、杂草2～3叶期，药土法撒施。施药后保持2～3 cm的水层5 d；大风天或预计6 h内降雨勿施药；充分缓苗后用药，水层勿淹没水稻心叶。不能与苄嘧磺隆混用。对鱼等水生生物有毒，远离水产养殖区、河塘等水体施药，鱼、虾、蟹套养稻田禁用，施药后的田水不得直接排入水体。

（5）丙炔噁草酮＋丙草胺　可用含量分别为5%＋26%的制剂（有效成分）372～558 g/hm²，或用含量分别为5%＋30%的制剂（有效成分）525～630 g/hm²，在水稻移栽田，于水稻移栽前3～7 d，稗草1叶期前，稻田灌水整平后，兑水7.5～9 kg/hm²通过甩瓶甩施，甩施幅度4 m宽，步速0.7～0.8 m/s，甩施时田间保持5～7 cm水层。也可通过药土法撒施，拌土量为225～300 kg/hm²。施药后2 d内不排水，插秧后保持3～5 cm水层10 d以上，避免水层淹没稻苗心叶。不推荐用于抛秧田和直播水稻田及盐碱地水稻田。对水生藻类高毒，施用时应注意避免其污染江河、鱼塘等水域。鱼、虾、蟹套养稻田禁用，施药后的田水不得直接排入水体。赤眼蜂等天敌放飞区域禁用。

（6）丙炔噁草酮＋丙草胺＋异噁草松　可用含量分别为4%＋15%＋7%的制剂（有效成分）331.5～390 g/hm²，或用含量分别为6%＋30%＋12%的制剂（有效成分）324～468 g/hm²，在水稻移栽田，于水稻移栽前3～7 d喷雾处理。施药时田间保持2～3 cm的水层，施药后保水5～7 d。插秧后水层勿淹没水稻心叶。施药的当年至次年春季，不宜种大麦、小麦、燕麦、谷子等，施药后的次年春季可种植大豆、玉米、棉花、花生。远离水产养殖区、河塘等水域施药，鱼、虾、蟹套养稻田禁用。

（7）丙炔噁草酮＋丙草胺＋乙氧氟草醚　可用含量分别为2%＋7%＋7%的制剂（有效成分）120～168 g/hm²，或用含量分

别为 2%+11%+7%的制剂（有效成分）150～300 g/hm^2，或用含量分别为 3%+15%+15%的制剂（有效成分）99～198 g/hm^2，在水稻移栽田，于水稻移栽前 3～7 d 耕地整平后药土法撒施，施药时田间保持 2～3 cm 水层，施药后 2 d 内不排水。插秧后保持 3～5 cm 水层，水层勿淹没水稻心叶。远离蚕室及水产养殖区施药，鱼、虾、蟹等套养稻田禁用，赤眼蜂等天敌放飞区域禁用。

十八、环戊噁草酮 Pentoxazone

噁唑啉二酮类触杀型除草剂，原卟啉原氧化酶（PPO）抑制剂。由日本相模化学研究中心 1986 年发明并由科研药物化工公司开发。2016 年日本科研制药株式会社在我国取得登记。

【防治对象】对稗草、鸭舌草、矮慈姑、野慈姑、节节菜、荸荠、陌上菜、雨久花等小粒种子杂草的一年生幼苗有较好防效。

【特点】对移栽水稻具有极高的安全性，使用时间灵活，受到土壤、温度、水肥、种植深度等条件限制小，可在移栽前或移栽后杂草出苗或低叶龄期使用。在正常使用条件下对稗草的持效期可达 50～55 d 甚至更长。在水中的溶解度低，药剂在田间使用后会在水中扩散并迅速吸附于土壤表层，形成均匀的药剂处理层。

【使用方法】水稻移栽田，甩瓶法甩施，有效成分用量为216～378 g/hm^2，可在水稻插秧前 4 d 左右或插秧后 7～10 d 施用，防控萌发期的杂草。

【注意事项】对鱼类、藻类、溞类、甲壳类等水生生物的毒性较低，对稻田常见的有益生物影响较小。

【复配】可与磺酰脲类除草剂复配。

十九、乙氧氟草醚 Oxyfluorfen

二苯醚类触杀型除草剂，原卟啉原氧化酶（PPO）抑制剂。其他名称：氟果尔、果尔。1975 年由美国罗门哈斯公司研发。

【防治对象】 稗草、牛毛草、鸭舌草、水苋菜、异型莎草、节节菜、田菁、陌上菜等稻田杂草。

【特点】 使用范围广，杀草谱广，持效期长，活性高，抗淋溶，既可芽前处理，又可芽后处理，可与多种除草剂复配使用。在有光的情况下发挥其除草活性。主要通过胚芽鞘、中胚轴进入植物体内，经根部吸收较少，并有极微量通过根部向上运输进入叶部。

【使用方法】 用于水稻移栽田时，在水稻移栽后 4～6 d，稗草芽期至 1.5 叶期，用有效成分 54～72 g/hm² 药土法撒施，施药时保持水层 3～5 cm，施药后使水层自然落干，不要淹没水稻心叶。20 ℃以上施药效果更好。长江流域及以南稻区适用于秧龄 30 d 以上、苗高 20 cm 以上。陆稻田播后苗前施用，用量（有效成分）为 128～180 g/hm²。

【注意事项】 日温低于 20 ℃，土温低于 15 ℃或秧苗过小、病弱苗及漏水田等不要使用。施药后，遇暴雨田间水层过深，需要排水，保持浅水层。

【复配】

(1) 乙氧氟草醚＋丙草胺　可用含量分别为 5％＋20％的制剂，东北地区移栽稻田用量：（有效成分）为 375～488 g/hm²，南方地区移栽稻田用量：（有效成分）为 244～300 g/hm²，药土法撒施，如防除稗草、千金子、鸭舌草、节节菜等。水稻移栽前 3～7 d 撒施，施药时及施药后保持水层 3～4 cm 5～7 d，注意水层勿淹没秧苗心叶，避免药害。

(2) 乙氧氟草醚＋噁草酮＋丙草胺　可用含量分别为 12％＋7％＋15％的制剂（有效成分）255～306 g/hm²，水稻移栽田采用药土法撒施可防治多种杂草，如稗草、千金子、泽泻、野慈姑、鸭舌草、萤蔺、眼子菜、牛筋草、雨久花、节节菜、牛毛毡、鳢肠等。适宜施药时期为水稻移栽前 3～5 d，杂草未萌发或萌发初期，即稻田灌水整平后呈泥水状态时，直接拌细沙土 150～225 kg/hm²，均匀撒施。药后保持田内 3～5 cm 水层，保水 2 d，插秧时或插秧

后水层勿淹没水稻心叶，以防产生药害。

(3) 乙氧氟草醚+异丙草胺　可用含量分别为5%+45%的制剂（有效成分）112.5～150 g/hm²，于移栽田水稻移栽后3～5 d通过药土法撒施，可有效防治藜、马齿苋、反枝苋、稗草、狗尾草、鳢肠、鸭跖草、马唐、牛筋草、画眉草等。施药时保持田内3～5 cm水层，施药后保水7 d左右，下雨或灌溉前后施药最好，注意水层勿淹没水稻心叶。用药后土壤长期干燥将降低药效。不得用于水稻秧田及直播田。

(4) 二甲戊灵+乙氧氟草醚+噁草酮　可用含量分别为23%+9%+12%的制剂（有效成分）462～594 g/hm²，或用含量分别为22%+12%+11%的制剂（有效成分）337.5～405 g/hm²，于水稻移栽田药土法撒施。水稻移栽前整地沉浆后，拌干细土150～225 kg/hm² 均匀撒施。施药时田间水深3～5 cm，不露泥，药后保水5～7 d，施药后2 d内尽量只灌不排。漏水田勿用。

(5) 乙氧氟草醚+噁草酮　可用含量分别为4%+10%的制剂（有效成分）280～360 g/hm²，于水稻移栽田药土法撒施。水稻移栽后2～7 d施药，缺水时要缓缓补水，水层不淹没水稻心叶。鱼、虾、蟹套养稻田禁用，远离水产养殖区、河塘等水体施药，禁止在河塘等水体中清洗施药器具，施药后的田水不得直接排入水体。

(6) 乙氧氟草醚+噁草酮+莎稗磷　可用含量分别为12%+9%+16%的制剂，在水稻移栽田药土法或甩施法施用，用量（有效成分）：南方地区为222～277.7 g/hm²，北方地区为277.5～333 g/hm²。适宜施药时期为水稻移栽前3～5 d，稻田灌水整平后呈泥水状态时，拌细沙土150～225 kg/hm²，均匀撒施。施药时保持田内3～5 cm水层，药后2 d内尽量只灌不排，保水5～7 d，避免淹没稻苗心叶。

(7) 二甲戊灵+乙氧氟草醚　可用含量分别为20%+14%的制剂（有效成分）127.5～204 g/hm²，在水稻移栽田药土法撒施防治多种杂草，如稗草、马唐、牛筋草、千金子、苋、雨久花、鸭舌草、野慈姑、益母草、萤蔺、扁秆藨草、节节草、三棱草、异型莎草、碎米莎草等。水稻移栽前5～7 d，拌细沙土均匀撒施，施药后保持3～5 cm水层3～5 d，水层勿淹没水稻心叶。

（8）乙氧氟草醚＋丙炔噁草酮＋丙草胺　可用含量分别为7％＋2％＋11％的制剂（有效成分）150～300 g/hm^2，或用含量分别为7％＋2％＋7％的制剂（有效成分）120～168 g/hm^2，或用含量分别为15％＋3％＋15％的制剂（有效成分）99～198 g/hm^2，在移栽田，于水稻移栽前3～7 d（稻田整平之后）通过药土法撒施，防治稗草、千金子、泽泻、野慈姑、鸭舌草、雨久花、节节菜、鳢肠等杂草，施药后2 d内不排水，插秧后保持3～5 cm水层，避免淹没稻苗心叶。远离蚕室及水产养殖区施药，鱼、虾、蟹等套养稻田禁用，施药后的田水不能直接排入水体，赤眼蜂等天敌放飞区域禁用。

（9）乙氧氟草醚＋噁草酮＋丁草胺　可用含量分别为7％＋3％＋12％的制剂（有效成分）247.5～330 g/hm^2，或用含量分别为12％＋7％＋24％的制剂（有效成分）258～387 g/hm^2，在水稻移栽田通过药土法撒施。适宜施药时期为水稻移栽前3～5 d，杂草未萌发或萌发初期，即稻田灌水整平后呈泥水状态时，拌细沙土150～225 kg/hm^{2}撒施。施药后保持田内3～5 cm水层，药后2 d内尽量只灌不排。插秧时或插秧后，水层勿淹没水稻心叶，以防产生药害。鱼、虾、蟹套养稻田禁用，赤眼蜂等天敌放飞区域禁用，桑园及蚕室附近禁用，施药后的田水不得直接排入水体。对稗草、千金子、泽泻、野慈姑、鸭舌草、眼子菜、雨久花、节节菜、牛毛毡、鳢肠等均有较好的防效。

（10）二甲戊灵＋吡嘧磺隆＋乙氧氟草醚　可用含量分别为45％＋5％＋16％的制剂（有效成分）396～495 g/hm^2，于水稻移栽田药土法撒施。水稻移栽前，稻田整地沉浆后，拌干细土150～225 kg/hm^{2}均匀撒施。施药时保持田间水层3～5 cm，施药后保水5～7 d。插秧时或插秧后遇雨应及时排水，勿使水层淹没水稻心叶，若水层不足时可缓慢补水。漏水田勿用。

（11）丙炔噁草酮＋丙草胺＋乙氧氟草醚　可用含量分别为

2%+7%+7%的制剂（有效成分）120～168 g/hm²，或用含量分别为 2%+11%+7%的制剂（有效成分）150～300 g/hm²，或用含量分别为 3%+15%+15%的制剂（有效成分）99～198 g/hm²，在水稻移栽田，于水稻移栽前 3～7 d 稻田整平后药土法撒施，施药时田间保持 2～3 cm 的水层，施药后 2 d 内不排水。插秧后保持 3～5 cm 水层，水层勿淹没水稻心叶。远离蚕室及水产养殖区施药，鱼、虾、蟹等套养稻田禁用，赤眼蜂等天敌放飞区域禁用。

二十、双唑草腈　Pyraclonil

触杀型除草剂，原卟啉原氧化酶（PPO）抑制剂。2016 年湖北相和精密化学有限公司在我国取得稻田使用临时登记，2018 年获得正式登记。

【防治对象】稗草、鸭舌草、陌上菜、节节菜、沟繁缕、萤蔺、水苋菜、鳢肠、狼杷草、田皂角、水莎草、扁秆藨草、眼子菜、矮慈姑、野慈姑等。对荸荠、李氏禾、假稻、双穗雀稗、日本藨草、水竹叶、合萌防效不够理想。

【特点】通过杂草的根部、叶基部吸收后，杂草呈褐变状后枯死。用药后 3～7 d 杂草即呈现枯萎状，10～14 d 死亡。杂草根部和叶基部为该药的主要吸收部位。

【使用方法】水稻移栽田和抛秧田，人工插秧后 5～7 d，机插秧或抛秧后 8～10 d，可使用颗粒剂（有效成分）162～216 g/hm² 直接均匀撒施或拌土、拌肥撒施，撒施时田间水层 3～5 cm 并保持 4～5 d，注意水层不能淹没水稻心叶。

【注意事项】机插秧、抛秧田由于根系浅，需等秧苗充分缓苗扎根后施药。不宜在缺水田、漏水田施用。阴雨天用药效果下降，施药后如遇暴雨应及时排水。在东北地区，遇气温低时适当延长保水时间至 10 d 左右。鱼、虾、蟹套养稻田禁用。对黄瓜、玉米、大豆生长有影响，对水蚤、藻有毒，远离水产养殖区、河塘等，禁止在河塘等水体清洗施药器具，施药后的田水不得直接排入水体。

【复配】在日本，双唑草腈与苄草隆、双环磺草酮、苄嘧磺隆、丁草胺、吡嘧磺隆、溴丁酰草胺、嗪吡嘧磺隆、呋草黄、呋喃磺草酮等进行复配，但在我国目前还没有复配产品的登记与开发。

二十一、西草净 Simetryn

三嗪类（三氮苯类）内吸传导型选择性除草剂，光系统ⅡA位点抑制剂。于1955年由瑞士汽巴-嘉基公司研发。

【防治对象】眼子菜、泽泻、野慈姑、母草、慈姑等。对眼子菜有特效，对牛毛毡、2叶期前稗草有较好防效。

【特点】主要通过植物根系吸收，叶片也可吸收部分药剂传导到全株，抑制植物的光合作用。难溶于水，易溶于有机溶剂，持效期长。

【使用方法】分别于水稻移栽后15～20 d（南方）、25～45 d（北方）的水稻分蘖期，直播田在分蘖后期，眼子菜发生盛期，叶片大部分由红转绿时，用有效成分375～750 g/hm^2，混细潮土300 kg/hm^{2}左右均匀撒施。施药时水层2～5 cm，保持5～7 d。

【注意事项】田间以稗草及阔叶杂草为主，于秧苗返青后施药，但小苗、弱苗秧易产生药害。有机质含量少的沙质土、低洼排水不良地及重碱或强酸性田土施用，易发生药害。用药时气温应在30 ℃以下，气温超过30 ℃以上时，施药易造成药害。不同水稻品种对西草净耐药性不同，在新品种稻田施用时，应注意水稻的敏感性。

【复配】

（1）苄嘧磺隆＋西草净＋苯噻酰草胺　可用含量分别为6%＋20%＋50%的制剂（有效成分）684～912 g/hm^2，或用含量分别为6%＋20%＋54%的制剂（有效成分）360～480 g/hm^2，在水稻移栽田拌细潮土（肥）225～300 kg/hm^{2}药土法撒施。最佳施药时期在水稻移栽后7 d，稗草1.5叶期前。施药时田间应有3～5 cm水层，施药后保水5～7 d，如缺水可缓慢补水，以免影响药效。施药

后水层不应淹过水稻心叶。沙质土、漏水田影响施用效果，不可与碱性物质混用。

(2) 扑草净＋苄嘧磺隆＋西草净　可用含量分别为12%＋6%＋20%的制剂（有效成分）228～342 g/hm²，或用含量分别为14%＋7%＋24%的制剂（有效成分）202.5～337.5 g/hm²，于水稻移栽田通过药土法撒施。北方水稻移栽前5～7 d，拌细土150～225 kg/hm²撒施；或在水稻移栽后10～15 d，在稻叶露水干后撒施，施药时和施药后应保持3～5 cm水层5～7 d，注意水层高度不能淹没水稻心叶。沙质土壤田不宜施用，气温超过30 ℃不建议施用。

(3) 吡嘧磺隆＋苯噻酰草胺＋西草净　可用含量分别为2%＋40%＋14%的制剂（有效成分）627～840 g/hm²，水稻移栽田，于水稻移栽7 d后通过药土法撒施，对萌芽期至2叶期内多种杂草防效较好，如稻稗、野慈姑、泽泻、眼子菜、鸭跖草、水苋菜、陌上菜、萤蔺、雨久花、千金子、野荸荠、马唐、节节菜、牛筋草、三棱草、紫萍、牛毛毡、水莎草、狼杷草、异型莎草、稻李氏禾、匍茎剪股颖等。

(4) 吡嘧磺隆＋扑草净＋西草净　该复配组合配比较多，如可用含量分别为3%＋16%＋20%的制剂（有效成分）243～351 g/hm²，或用含量分别为3%＋12%＋16%的制剂（有效成分）232.5～279 g/hm²，或用含量分别为4.5%＋18.5%＋27%的制剂（有效成分）225～337.5 g/hm²，于水稻移栽田药土法撒施。水稻移栽后7～10 d，拌细潮土150～225 kg/hm²撒施。对鱼、大型溞、藻类、赤眼蜂有毒，远离水产养殖区施药，赤眼蜂等天敌放飞区禁止使用，鱼、虾、蟹套养稻田禁用。

(5) 西草净＋丙草胺　可用含量分别为2%＋12%的制剂（有效成分）546～714 g/hm²，移栽田于水稻移栽前2～3 d，稻田灌水耙平呈泥水或清水状态时通过甩瓶法甩施。手持甩施瓶每走5～6步，左右各甩施1次；采用喷雾器甩喷施药时，应于水稻移栽前2～3 d，兑水75 kg/hm²以上甩喷施药。施药时田间保持水层5～

7 cm，施药后 2 d 内不排水。插秧后保持 3～5 cm 水层 5～7 d，只灌不排，避免水层淹没稻苗心叶，之后恢复正常田间管理。可有效防除稗草、异型莎草、鸭舌草、陌上菜、三棱草、鳢肠等杂草。对鱼类、溞类中毒，对藻类高毒，远离水产养殖区、河塘等水体施药。鱼、虾、蟹套养稻田禁用，赤眼蜂等天敌放飞区域禁用。

（6）西草净＋丁草胺　可用含量分别为 1.3%＋4%的颗粒剂，在水稻移栽田直接撒施或拌细土撒施，南方地区用量（有效成分）795～1 192.5 g/hm²，北方地区用量（有效成分）1 192.5～1 590 g/hm²。水稻移栽后 4～11 d 施用，施药时气温宜介于 15～30 ℃之间，施药后须保持 3～5 cm 水层 5～7 d。鱼、虾、蟹套养稻田禁用。

（7）西草净＋硝磺草酮　可用含量分别为 4.5%＋13.5%的制剂（有效成分）270～378 g/hm²，在水稻移栽田药土法撒施。于水稻移栽后 7～10 d 施用，施药时稻田须有 3～5 cm 水层并在施药后保水 5～7 d，注意避免水层淹没稻苗心叶。施药时温度应在 30 ℃以下，超过 30 ℃易产生药害。土壤沙性强的稻田和漏水田禁用。小苗、弱苗秧易产生药害，减少用量。稻田用该除草剂后，后茬不得种植油菜。对部分籼稻及其亲缘水稻品种安全性较差，大面积应用前应先开展小范围试验，移栽水稻缓苗不充分勿用该药。

（8）西草净＋嗯草酮　可用含量分别为 13%＋12%的制剂，在水稻移栽田甩施，南方地区用量为（有效成分）412～525 g/hm²，北方地区用量为（有效成分）693.75～825 g/hm²。或用含量分别为 13%＋15%的制剂（有效成分）588～756 g/hm² 进行药土法撒施。水稻移栽前 3～7 d 施用。

二十二、扑草净　Prometryne

三嗪类（甲硫基三氮苯类）内吸传导型除草剂，光系统ⅡA 位点抑制剂。商品名：扑蔓尽、割草佳等。

【防治对象】眼子菜、鸭舌草、牛毛毡、节节菜、稗草、千金子、马唐、画眉草、蘋、野慈姑、异型莎草、藜等。对乱草防效

不佳。

【特点】为传导型除草剂，经茎叶、幼芽及根系吸收，通过木质部和韧皮部传导至分生组织，抑制植株生长，处理后 7～14 d 顶芽坏死，2～4 周植株死亡。

【使用方法】药土法撒施用有效成分 150～900 g/hm^2 于水稻移栽后 5～7 d，秧苗返青及眼子菜叶色由红转绿时，拌细土 300～450 kg/hm^2 撒施。也可在水稻移栽后 15～20 d（南方地区）、25～45 d（北方地区）使用。

【注意事项】溶解度较大，剂量加大易对水稻产生药害，在土质沙性较重，稻田保水性较差的田块会加重药害。施药后 7 d 内保持 4～6 cm 水层，勿使水层淹没水稻心叶。有机质含量低的沙质土地慎用。气候对药效的发挥、药害的产生有直接关系，气温高于 28 ℃时易发生药害。

【复配】

（1）扑草净＋乙草胺　可用含量分别为 20%＋20%的制剂（有效成分）120～180 g/hm^2，移栽田于水稻移栽后 3～5 d 药土法撒施。在南方地区也可用含量分别为 13.5%＋6.5%的制剂（有效成分）240～300 g/hm^2，在水稻移栽田通过药土法撒施，防治多种杂草，如稗草、异型莎草、鸭舌草、牛毛毡、节节菜等。最高气温 30 ℃以下地区，大苗移栽后 10～25 d 均可施药，拌细沙 300～450 kg/hm^2，均匀撒施。施药时田内水层 3～5 cm，施药后保水 5～7 d，保水期田间水层不足时应随时补水，不能串灌、漫灌和排水。气温高的地方，应减量施用。漏水田、沙质土田不可施用。

（2）扑草净＋苄嘧磺隆　可用含量分别为 32%＋4%的制剂（有效成分）162～216 g/hm^2，在南方地区水稻抛秧田施用，主要防治阔叶杂草及莎草科杂草。南方地区水稻抛秧后 5～7 d，拌细土 300～450 kg/hm^2 撒施。施药时田间应有 3～4 cm 水层，水层不能淹没水稻心叶，并保水 7 d 左右。也可用含量分别为 25%＋1%的制剂（有效成分）222.3～296.4 g/hm^2，在水稻移栽田药土法撒施。

（3）乙草胺＋苄嘧磺隆＋扑草净　可用含量分别为11.5%＋1.9%＋5.6%的制剂（有效成分）85.5～142.5 g/hm^2，长江流域及其以南大苗移栽田，药土法撒施。不能用于秧田、直播田、抛秧田、小苗移栽田。宜在移栽秧苗返青后，稗草1.5叶期前施药，施药前田间灌水3～5 cm，药后保水5～7 d，不可断水干田或水层淹没水稻心叶。切勿让含有该除草剂的稻田水流入慈姑、荸荠等敏感作物田内。施药后遇大幅度降温或升温，会抑制秧苗生长，宜加强田间管理，温度正常后7～10 d便可恢复。

（4）扑草净＋苄嘧磺隆＋西草净　可用含量分别为12%＋6%＋20%的制剂（有效成分）228～342 g/hm^2，或用含量分别为14%＋7%＋24%的制剂（有效成分）202.5～337.5 g/hm^2，在水稻移栽田通过药土法撒施。北方水稻移栽前5～7 d，拌细土150～225 kg/hm^{2}撒施；或在水稻移栽后10～15 d，在稻叶露水干后撒施。施药时和施药后应保持3～5 cm水层5～7 d，注意水层不能淹没水稻心叶。沙质土壤田不宜施用，气温超过30 ℃不建议施用。

（5）吡嘧磺隆＋扑草净＋西草净　该复配组合配比较多，如可用含量分别为3%＋16%＋20%的制剂（有效成分）243～351 g/hm^2，或用含量分别为3%＋12%＋16%的制剂（有效成分）232.5～279 g/hm^2，或用含量分别为4.5%＋18.5%＋27%的制剂（有效成分）225～337.5 g/hm^2，在水稻移栽田药土法撒施。水稻移栽后7～10 d，拌细潮土150～225 kg/hm^{2}撒施。对鱼、大型溞、藻类、赤眼蜂有毒，远离水产养殖区施药，赤眼蜂等天敌放飞区禁用，鱼、虾、蟹套养稻田禁用。

（6）丁草胺＋扑草净　可用含量分别为1%＋0.2%的粉剂（有效成分）1 200～1 500 g/hm^2，在水稻秧田通过药土法撒施，秧田覆土厚度不能薄于0.5 cm，覆土不能用沙代替。或用含量分别为30%＋10%的制剂（有效成分）1 600～2000 g/hm^2，于旱育秧田或半旱育秧田土壤喷雾施药防治一年生杂草，播种覆土后盖膜前兑水1 500 kg/hm^{2}喷洒于苗床。苗床施药前要浇透水但不能有积水，水稻秧苗3叶期前床土要保持湿润。

(7) 丁草胺+苄嘧磺隆+扑草净 可用含量分别为 28%+1%+4%的制剂（有效成分）1 320～1 650 g/hm²，在水稻旱育秧田、半旱育秧田土壤喷雾施药。播种覆土后盖膜前施药，兑水 750 kg/hm²，搅拌均匀喷洒于苗床。苗床施药前要浇透水，但不可有积水。

二十三、硝磺草酮 Mesotrione

三酮类内吸传导型除草剂，4-羟基苯基丙酮酸酯双氧化酶（HPPD）抑制剂。又名：甲基磺草酮。由先正达公司 1984 年研发的三酮类除草剂、HPPD 抑制剂。2001 年登记上市。2012 年在中国的专利保护期满。

【防治对象】 萤蔺、异型莎草、碎米莎草、水莎草、慈姑、泽泻、雨久花、鸭舌草、眼子菜、狼杷草、稗草、千金子、反枝苋、藜、马唐、牛筋草等。对狗尾草、苍耳、香附子等也有较好的防效。

【特点】 杂草吸收该除草剂后，类胡萝卜素合成被抑制，表现出白化症状后逐渐枯死。硝磺草酮原药成分在土壤和植株上的残留消解半衰期只有 3 d 左右，且对鸟、鱼、蜜蜂、家蚕等低毒，残留和生态安全性方面具有优势。

【使用方法】 水稻移栽后 7～10 d，水稻返青追肥时，通过药土法撒施（有效成分）73.8～98.4 g/hm²。施药时稻田保持 3～5 cm 水层，施药后保水 5～7 d，避免水层淹没稻苗心叶。

【注意事项】 水稻移栽缓苗不充分勿用该药。后茬种植甜菜、苜蓿、烟草、蔬菜、油菜、豆类的稻田大范围施用前需先做试验。一年两熟制地区，后茬作物不得种植油菜。豆类、十字花科作物对该药敏感，施药时须防止飘移药害。勿与有机磷类、氨基甲酸酯类杀虫剂混用或在间隔 7 d 内施用，勿与悬浮肥料、乳油剂型的苗后茎叶处理剂混用。

【复配】

(1) 硝磺草酮+丙草胺 可用含量分别为 0.6%+4.4%的制

剂（有效成分）675～825 g/hm²，移栽粳稻田（籼稻田使用不安全）通过颗粒剂直接撒施或药土法撒施。该除草剂复配组合的部分产品仅限于东北地区施用，不推荐抛秧田施用。粳稻田移栽后 5～7 d 水稻秧苗返青后，通过药肥、药土或直接均匀撒施，施药时和施药后田间需有水层 3～5 cm，施药后保持水层 5～7 d。

（2）苯噻酰草胺＋氯吡嘧磺隆＋硝磺草酮　可用含量分别为 25%＋1%＋3%的泡腾片剂，直接在水稻移栽田或南方直播稻田撒施，移栽水稻返青扎新根后（或南方直播稻 4～6 叶期）施用，制剂用量（有效成分）：南方地区 652.5～870 g/hm²，北方地区 870～1 087.5 g/hm²。用药时田间保持 3～5 cm 水层 5～7 d，缺水时补水，注意水层不能淹没水稻心叶。在东北地区水稻插秧 20～30 d 且水稻已返青扎新根后方可施用。盐碱地、冷凉山地、用地下冷水直接浇灌地、种子繁育地等特殊情况试验后方可施用。杂草叶龄过大，杂草出水过高，药效会下降。对鱼类有毒，鱼、虾、蟹套养的稻田禁用，赤眼蜂等天敌放飞区域禁用。

（3）仲丁灵＋硝磺草酮　可用含量分别为 25%＋3%的制剂（有效成分）840～1 050 g/hm²，移栽田水稻移栽后 5～7 d，拌土 150～300 kg/hm² 药土法撒施。施药时保持 3～5 cm 水层，施药后保水 5～7 d，避免淹没稻苗心叶。对溞类、藻类等水生生物有毒，禁止在河塘等水体中清洗施药器具，远离水产养殖区施药，赤眼蜂等天敌放飞区禁用，鱼、虾、蟹套养稻田禁用。施药后的田水不得直接排入水体。

（4）吡嘧磺隆＋硝磺草酮　可用含量分别为 5%＋20%的制剂（有效成分）75～112.5 g/hm²，在水稻移栽田通过药土法撒施，适宜施药时期为水稻移栽后 10～20 d。注意只能用于粳稻，对泰国香稻和黑稻（早熟品种）较敏感，施用前宜先行小区试验后再行推广。

（5）西草净＋硝磺草酮　可用含量分别为 4.5%＋13.5%的制剂（有效成分）270～378 g/hm²，在水稻移栽田药土法撒施。于水稻移栽后 7～10 d 施用，施药时稻田须有 3～5 cm 水层并在施药后保水 5～7 d，注意避免水层淹没稻苗心叶。施药时温度应在 30 ℃

以下，超过 30 ℃易产生药害。在土壤中移动性较强，土壤沙性强的稻田和漏水田禁用。小苗、弱苗秧易产生药害，减少用量。稻田用该除草剂后，后茬不得种植油菜。对部分籼稻及其亲缘水稻品种安全性较差，大面积推广前应先开展小范围试验，移栽水稻缓苗不充分勿用该药。

（6）*五氟磺草胺＋硝磺草酮* 可用含量分别为 6%＋12%的制剂（有效成分）54～94.5 g/hm²，在水稻移栽田通过药土法撒施。于水稻移栽前，稻田整平后灌水 4～5 cm 水层，将药剂与适量土壤混合均匀撒施。施药后水稻移栽前排水移栽水稻秧苗，移栽后再灌水 2～3 cm，保水 7～10 d，避免淹没稻苗心叶。

二十四、双环磺草酮 Benzobicyclon

三酮类内吸传导型除草剂，4-羟基苯基丙酮酸酯双氧化酶（HPPD）抑制剂。日本史迪士生物科学株式会社研发，单剂已经上市。

【防治对象】主要防除稗草、假稻、千金子、异型莎草、鸭舌草、雨久花、眼子菜和萤蔺等。部分地区田间观察表明对耳叶水苋效果不佳。

【特点】通过抑制 HPPD，影响质体醌的合成，再由质体醌对八氢番茄红素脱氢酶（PDS）作用，从而最终影响类胡萝卜素的生物合成，使叶片白化后枯死。

【使用方法】移栽稻田用量（有效成分）为 168～252 g/hm²，可以在插秧前 5～7 d 兑水 75 kg/hm² 甩施，也可在插秧后 10～15 d 水稻返青上水后，兑水 75 kg/hm² 喷雾施药。施药时保持田间 3～5 cm 水层，并保水 5～7 d。

【注意事项】用于防控多年生杂草时适当提高剂量。

二十五、呋喃磺草酮 Tefuryltrione

三酮类内吸传导型除草剂，4-羟基苯基丙酮酸酯双氧化酶

（HPPD）抑制剂。又名：特糠酯酮。2003 年由拜耳作物科学公司、北兴化学工业和日本农业合作社协会全国联合会共同研发。2017 年复配剂在我国获得登记。

【防治对象】 稗草、鸭舌草、陌上菜、萤蔺、水莎草、矮慈姑、牛毛毡、眼子菜等。对 5 叶以上的泽泻和野慈姑防效欠佳。

【特点】 主要通过叶面和根部吸收，并在木质部和韧皮部向顶和向基传导，分布于整个植株。杂草受药后，叶面白化，继而分生组织坏死。施药适期宽、持效性可长达 45～50 d，对杂草的地下球茎具有强烈的抑制作用。

【使用方法】 移栽稻田用量（有效成分）为 30 g/hm^2，可在移栽后 15～30 d 后通过药土法撒施或随田间灌水施用。在日本，有呋喃磺草酮＋噁嗪草酮按照 1∶5 的配比登记在水稻移栽田和直播田，随灌溉水施用，剂量为（有效成分）36 g/hm^2。水稻移栽田，于移栽后 5～30 d、稗草 2.5 叶期前施用；直播稻田，水稻 1 叶期后、稗草 2.5 叶期前施用。施药时保持田间 3～5 cm 水层，并保水 5～7 d。目前国外市场中，与呋喃磺草酮复配的有效成分有：双唑草腈、双唑草腈＋嗪吡嘧磺隆、噁嗪草酮、四唑酰草胺、氟酮磺草胺等。

【注意事项】 用于防控多年生杂草时适当提高剂量。

【复配】

氟酮磺草胺＋呋喃磺草酮　可用含量分别为 9%＋18%的制剂（有效成分）72～108 g/hm^2，在水稻移栽田甩施或药土法撒施。水稻移栽后 7～10 d 施用，稗草立针期，阔叶杂草雨久花及莎草科杂草萌发或刚出土时施用。先用少量水充分溶解，再拌沙土 30～210 kg/hm^2 撒施。施药时田间应有 2～5 cm 水层，施药后保水 7～10 d，只灌不排，避免水层淹没水稻心叶。

二十六、异噁草松　Clomazone

异噁唑烷酮类（有机杂环类）内吸传导型除草剂，1-脱氧-D-木酮糖-5-磷酸合成酶（DOXP）抑制剂，抑制光合色素合成。

又名：广灭灵。富美实公司 1986 年研发上市，1993 年在我国登记。

【防治对象】对马唐、狗尾草、稗草、水虱草、节节菜、牛筋草、铁苋菜、千金子、马齿苋等杂草防效突出；对鸭跖草、苣荬菜、狼杷草、鸭舌草等也有较好的防效；对异型莎草、萤草防效差。此外，对一些旱地作物杂草如苍耳、藜、刺儿菜、豚草等也有较好的防效。

【特点】持效期长，一次用药，药效可达作物整个生育期；用药时间灵活，苗前土壤封闭、苗后茎叶处理。对大豆、蚕豆安全性好，对水稻、油菜、辣椒安全性一般，对花生安全性较差，对麦类、玉米、葫芦科作物、甜菜、谷子、苜蓿、棉花、樱桃、苹果、梨、白杨、葡萄、山核桃、榆树、草莓、玫瑰等安全性极差。

【使用方法】移栽稻田，于水稻移栽后 5 d 撒毒土，施药时田间需有水层 2～3 cm，施药后保水 5 d，药土法施药用量（有效成分）为 150～189 g/hm^2。南方直播稻田：于播种后 7～10 d 通过土壤喷雾施药，药后保持田间湿润，药后 2 d 建立水层，水层高度以不淹没水稻心叶为准。北方直播稻田：播种前 3～5 d 喷雾，药后保持田间湿润，5～7 d 后建立水层。水直播稻田土壤喷雾施药用量（有效成分）为 178～270 g/hm^2。

【注意事项】在水稻、油菜田施用，作物叶片可能出现白化现象。在推荐剂量下施用，不影响后期生长和产量。

【复配】

（1）吡嘧磺隆＋丙草胺＋异噁草松　可用含量分别为 2%＋26%＋10%的制剂（有效成分）171～228 g/hm^2，土壤喷雾。于水稻直播 2～3 d 后杂草萌芽期兑水均匀喷雾。施药时田间以畦面平整湿润、沟内有水为宜。施药后 5 d 内保持田间湿润状态，严禁田水淹没水稻秧苗心叶。不含安全剂的丙草胺制剂不能用于水直播稻田和秧田，以及高渗漏稻田播后苗前。

（2）丁草胺＋吡嘧磺隆＋异噁草松　可用含量分别为 60%＋2%＋8%的制剂（有效成分）735～1 050 g/hm^2，于水稻旱直播田播后苗前土壤喷雾处理防治多种杂草，如千金子、马唐、双穗雀稗、稻稗、稗草、三棱草、泽泻、萤蔺、眼子菜、牛筋草、狼杷草、雨久花、节节菜、陌上菜、水莎草、野荸荠、牛毛毡、异型莎草、稻李氏禾等。水直播稻田禁用。大风天或预计 1 h 内降雨勿施药。本复配剂对蜜蜂、家蚕和鱼类等水生生物有毒，赤眼蜂等天敌放飞区禁用，鱼、虾、蟹套养稻田禁用，施药后的田水不得直接排入水体。

(3) 二甲戊灵＋异噁草松　可用含量分别为 16%＋2%的制剂（有效成分）175.5～216 g/hm^2，在水稻移栽田药土法撒施，通常于水稻插秧返青后 5～7 d，稗草 1 叶 1 心前施药，将药剂与过筛细土 225～300 kg/hm^2 混拌均匀，于晴天露水消失后均匀撒施，也可结合返青肥与肥料混拌施用。施药时田面平整，保持水层 3～5 cm，施药后保水 4～6 d，缺水时要缓慢补水，但不能排水。或用含量分别为 30%＋10%的制剂（有效成分）480～600 g/hm^2，在水稻直播田播后苗前，兑水 600～750 kg/hm^2 土壤喷雾。本复配剂可防除多种杂草，如稻稗、稗草、三棱草、泽泻、萤蔺、眼子菜、牛筋草、马唐、狼杷草、雨久花、节节菜、陌上菜、水莎草、野荸荠、牛毛毡、异型莎草等，对匍茎剪股颖、稻李氏禾也有较好防效。对蜜蜂、家蚕和鱼类等水生生物有毒，远离水产养殖区施药，禁止在河塘等水体中清洗施药器具。赤眼蜂等天敌放飞区禁用，鱼、虾、蟹套养稻田禁用，施药后的田水不得直接排入水体，播种期间田间积水易造成药害，勿超剂量使用。药剂在土壤中的生物活性可持续 6 个月以上，使用该药当年秋季（即施药后 4～5 个月）或次年春季（即施药后 6～10 个月）不宜种植小麦、大麦、燕麦、黑麦、谷子、苜蓿。施药后次年春季，可以移栽水稻，种植玉米、棉花、花生、向日葵等作物。

(4) 二甲戊灵＋吡嘧磺隆＋异噁草松　可用含量分别为 30%＋2%＋10%的制剂（有效成分）504～630 g/hm^2，水稻直播田播后苗前，兑水 600～750 kg/hm^2 土壤喷雾。大风天或预计 1 h 内降雨请勿施药。对蜜蜂、家蚕和鱼类等水生生物有毒，开花植物花期、

蚕室、桑园附近禁用，远离水产养殖区、河塘等水体施药，赤眼蜂等天敌放飞区禁用，鱼、虾、蟹套养稻田禁用，施药后的田水不得直接排入水体。

（5）苄嘧磺隆＋丙草胺＋异噁草松 可用含量分别为4％＋24％＋10％的制剂（有效成分）177～200 g/hm^2，于水稻直播田播后苗前土壤喷雾。播种当天或播后3 d内用药，掌握稗草1叶1心期前施药，除草效果最佳。施药时田沟内必须要有浅水，畦面不能积水，防止畦面淹水或干燥，施药后5 d内保持田间湿润状态，以免降低除草效果。秧苗2叶1心后，应灌浅水，保证药效得到充分发挥。水稻种子必须经过催芽再进行播种，若盲谷（未催芽）播种，待谷种露白后立即施药。

（6）氰氟草酯＋氯氟吡氧乙酸异辛酯＋异噁草松 可用含量分别为20％＋6％＋9％的制剂（有效成分）157.5～210 g/hm^2，在直播田水稻3～5叶期，兑水375～450 kg/hm^{2}茎叶喷雾，以杂草2～4叶期施药最佳。施药前排干田水，施药后2～3 d回水，保持浅水层5～7 d。注意水层勿淹没水稻心叶，避免药害。

（7）异噁草松＋敌稗 可用含量分别为12％＋27％的制剂（有效成分）585～877.5 g/hm^2，在直播田水稻3～4叶期、杂草3叶期之前茎叶喷雾施药。敌稗不能与有机磷及氨基甲酸酯类农药混用。对蜜蜂、家蚕、鱼类等水生生物有毒，应远离水产养殖区、河塘等水域施药。鱼、虾、蟹套养稻田禁用，赤眼蜂等天敌放飞区域禁用。施药的当年至次年春季，不宜种大麦、小麦、燕麦、谷子等。

（8）丙炔噁草酮＋丙草胺＋异噁草松 可用含量分别为4％＋15％＋7％的制剂（有效成分）331.5～390 g/hm^2，或用含量分别为6％＋30％＋12％的制剂（有效成分）324～468 g/hm^2，在水稻移栽田，于水稻移栽前3～7 d喷雾施用。施药时田间保持2～3 cm的水层，施药后保水5～7 d。插秧后水层勿淹没水稻心叶。施药的当年至次年春季，不宜种大麦、小麦、燕麦、谷子等。远离水产养殖区、河塘等水域施药，鱼、虾、蟹套养稻田禁用。

(9) 噁草酮＋丙草胺＋异噁草松　可用含量分别为12%＋30%＋12%的制剂（有效成分）567～729 g/hm²，在水稻移栽田，于水稻移栽前整地沉浆后，拌土150～225 kg/hm²撒施，施药时田间保持3～5 cm的水层，施药后保水5～7 d。插秧后水层勿淹没水稻心叶。漏水田勿施用。远离水产养殖区、河塘等水域施药，鱼、虾、蟹套养稻田禁用。

二十七、吡氟酰草胺　Diflufenican

吡啶酰胺类（取代吡啶基酰苯胺类）内吸传导型除草剂，八氢番茄红素脱氢酶（PDS）抑制剂，阻碍类胡萝卜素生物合成，又名：为吡氟草胺。1982年由拜耳公司申请专利，2008年10月在我国公开专利。

【防治对象】对稗草、马唐、牛筋草、狗尾草等防效突出。

【特点】主要被萌发期幼苗的芽吸收，随后细胞内的类胡萝卜素含量下降，叶绿素破坏，幼芽脱色或白化，最后整株萎蔫死亡。可以与2甲4氯混用，扩大杀草谱。

【使用方法】水稻旱直播田用量（有效成分）为36～45 g/hm²，播后苗前土壤喷雾处理；水稻移栽田用量（有效成分）为141～189 g/hm²，药土法撒施。

【复配】

(1) 二甲戊灵＋吡氟酰草胺　可用含量分别为33%＋3%的制剂（有效成分）432～540 g/hm²，在旱直播稻田水稻播后杂草出苗前土壤喷雾施用，防治一年生杂草，如稗草、马唐、铁苋菜、丁香蓼、陌上菜等。水稻播种后要盖籽均匀，不露籽，保持田面无积水。在其他栽培方式稻田不宜施用。切勿超剂量施用。

(2) 吡氟酰草胺＋吡嘧磺隆　可用含量分别为63%＋7%的制剂（有效成分）157.5～210 g/hm²，在水稻移栽田药土法撒施。水稻移栽活棵后施用，施药前稻田须灌水3～5 cm，施药后要保水5～7 d，注意水层勿淹没水稻心叶。

二十八、氟酮磺草胺 Triafamone

三唑并嘧啶磺酰胺类内吸传导型除草剂，乙酰乳酸合酶（ALS）抑制剂。商品名：垦收。拜耳公司开发，2017年在中国正式登记。

【防治对象】稻稗、稗草、千金子、陌上菜、节节菜、双穗雀稗、狗尾草、丁香蓼等杂草，并能抑制慈姑、醴肠、眼子菜、狼杷草及萤蔺、扁秆藨草等多年生杂草的生长。对鸭舌草防效不佳，对分蘖期千金子防效差。

【特点】对水稻高度安全，用药适宜期长，可以从播种一直用到芽后晚期。在移栽稻田使用，可于移栽前7 d或移栽后7 d进行。兼具有土壤封闭和早期茎叶杀灭作用，持效期长达40～45 d。

【使用方法】水稻移栽田甩施法或药土法施用，用量为（有效成分）22.8～34.2 g/hm^2。用药前应整平土地，施药时田里须有均匀水层。甩施法兑水30～105 kg/hm^2，药土法拌沙土45～105 kg/hm^2。移栽当天用甩施法处理；移栽后甩施法或药土法施药，应于水稻充分缓苗后、大部分杂草出苗前进行。用药后保持3～5 cm水层7 d以上，只灌不排，水层勿淹没水稻心叶。

【注意事项】配药前先将药剂原包装摇匀，配药时采用二次法稀释。病弱苗、浅根苗及盐碱地、漏水田及药后5 d内大幅降温、暴雨天气不宜施用。

【复配】

氟酮磺草胺＋呋喃磺草酮　可用含量分别为9%＋18%的制剂（有效成分）72～108 g/hm^2，在水稻移栽田通过甩施或药土法撒施。水稻移栽后7～10 d，稗草立针期，阔叶杂草及莎草萌发或刚出土时施用。先用少量水充分溶解，再拌沙土30～210 kg/hm^{2}撒施，施药时田间应有2～5 cm水层，施药后保水7～10 d，只灌不排。避免水层淹没水稻心叶。

二十九、吡嘧磺隆 Pyrazosulfuron-methyl

磺酰脲类乙酰乳酸合酶（ALS）抑制剂，为内吸传导型除草剂。由日本日产化学工业有限公司于20世纪70年代研发。

【防治对象】鳢肠、稻李氏禾、异型莎草、水芹、节节菜、鸭舌草、牛毛毡、狼杷草、雨久花、泽泻、矮慈姑、眼子菜、紫萍、浮萍等。对稗草有一定的防效，对扁秆藨草、水莎草、萤蔺、野慈姑、千金子防效不佳。

【特点】主要通过根系吸收，在杂草植株体内迅速转移，抑制细胞内乙酰乳酸合酶的催化活性，进而抑制支链氨基酸的合成，导致杂草逐渐死亡。水稻细胞能降解该药剂。

【使用方法】适用于水稻秧田、直播田、移栽田、抛秧田。直播田和秧田在水稻1～3叶期（水稻播后5～10 d）施用，可以通过药土法撒施，也可兑水喷雾施用，药后保持水层3～5 d。移栽田在水稻移栽后5～10 d用药，药后保水5～7 d。抛秧田在抛秧后5～7 d施用，施药后保水5～7 d。

【注意事项】不可与呈碱性的农药等物质混用。后茬作物安全间隔期80 d以上。粳稻、糯稻2叶期之前对吡嘧磺隆较为敏感，应尽量避免使用（但吡嘧磺隆与硝磺草酮复配剂只在粳稻田使用）。严重漏水田不宜使用。

【复配】

（1）吡嘧磺隆＋丙草胺　可用含量分别为1%＋29%的制剂（有效成分）300～450 g/hm^2，或用含量分别为3%＋35%的制剂（有效成分）285～342 g/hm^2，直播田于水稻播种后2～5 d内，兑水450～750 kg/hm^{2}土壤喷雾施用。水稻移栽田和抛秧田，可用含量分别为5%＋50%的制剂（有效成分）412.5～577.5 g/hm^2，或用含量分别为2.5%＋33.5%的制剂（有效成分）324～432 g/hm^2，在抛秧、移栽后2～10 d通过药土法撒施，秧苗扎根后、稗草1.5叶期前施药效果最佳。施药时田间以畦面平整湿润、沟内有水为宜。

施药前灌浅水 3～5 cm，施药后保水 5～7 d，勿使水层淹没水稻秧苗心叶。鱼、虾、蟹套养稻田禁用。不含安全剂的丙草胺制剂不能用于水直播稻田和秧田及高渗漏稻田。

（2）吡嘧磺隆＋丙草胺＋异噁草松　可用含量分别为 2%＋26%＋10%的制剂（有效成分）171～228 g/hm²，土壤喷雾施用。于水稻直播2～3 d 后杂草萌芽期兑水均匀喷雾。施药时田间以畦面平整湿润、沟内有水为宜。施药后 5 d 内保持田间湿润状态，严禁田水淹没水稻秧苗心叶。不含安全剂的丙草胺制剂不能用于水直播稻田和秧田，以及高渗漏稻田播后苗前施用。

（3）吡嘧磺隆＋丙草胺＋二氯喹啉酸　可用含量分别为 0.3%＋3.5%＋2.2%的制剂（有效成分）360～540 g/hm²，在水稻移栽田或抛秧田，通过药土法撒施。水稻抛秧或机插秧后 7～10 d，水稻活棵后均匀撒施。施药前稻田须灌水 3～5 cm，施药后要保持浅水层 5～7 d。药后田间缺水要缓灌补水，切忌断水干田或淹没水稻心叶。用药后 8 个月内应避免种植棉花、大豆等敏感作物，下茬不能种植茄科、伞形科、豆科、锦葵科、葫芦科、菊科、旋花科等敏感作物。鱼、虾、蟹等套养稻田禁用。

（4）吡嘧磺隆＋苯噻酰草胺　可用含量分别为 1.8%＋48.2%的制剂在水稻移栽田通过药土法撒施。南方地区稻田用量（有效成分）375～525 g/hm²，北方地区稻田用量（有效成分）525～750 g/hm²。在南方地区水稻移栽后 5～7 d，北方地区水稻移栽后 7～10 d，稗草 1.5 叶期，用 225～300 kg/hm² 细潮土（肥）拌匀撒施。或用含量分别为 0.2%＋6.8%的颗粒剂（有效成分）609～756 g/hm²，在水稻移栽田撒施。水稻抛秧田，可用含量分别为 2%＋48%的制剂（有效成分）375～450 g/hm²，或用含量分别为 4.5%＋70.5%的制剂（有效成分）337.5～675 g/hm²，于水稻抛秧后 3～10 d 水稻缓苗后通过药土法撒施。此外，还有一些产品使用了其他的配比组合。施药时田间保水 3～5 cm，施药后保水 5～7 d，其间可以补水，不能排水，注意勿使水层淹没水稻心叶。

（5）吡嘧磺隆＋苯噻酰草胺＋甲草胺　可用含量分别为 5%＋

20%+6%泡腾颗粒剂（有效成分）279～325.5 g/hm²，用于水稻移栽田直接撒施；或用含量分别为4%+20%+7%的制剂，在水稻移栽田，于水稻移栽后7～10 d，稗草1.5叶期，其他大部分杂草刚出土（水稻4～5叶期），通过药土法撒施，用量（有效成分）：南方地区139.5～186 g/hm²，北方地区232.5～325.5 g/hm²。施药时田间应有3～5 cm浅水层，施药后保水3～7 d，如缺水可缓慢补水，以免影响药效，施药后水层不应淹过水稻心叶。可有效防除稗草（稻稗）、雨久花、泽泻、眼子菜、狼杷草、鸭跖草、节节菜、千金子、萤蔺、陌上菜、牛毛毡、瓜皮草、异型莎草等。施药时应避开阔叶作物、水生作物。小苗移栽田、直播田、漏水田、弱苗田不能施用。粳、糯稻田施用容易发生药害。不可与碱性农药等物质混用。鱼、虾、蟹套养稻田禁用，赤眼蜂等天敌放飞区域禁用。若稻田内青苔、稻茬较多，应先扒开青苔、去除稻茬后施药，以免影响药剂扩散。

（6）吡嘧磺隆+苯噻酰草胺+西草净　可用含量分别为2%+40%+14%的制剂（有效成分）627～840 g/hm²，在水稻移栽田，于水稻移栽7 d后药土法撒施，对萌芽期至2叶期内多种杂草防效较好，如稻稗、野慈姑、泽泻、眼子菜、鸭跖草、水苋菜、陌上菜、萤蔺、雨久花、千金子、野荸荠、马唐、节节菜、牛筋草、三棱草、紫萍、牛毛毡、水莎草、狼杷草、异型莎草、稻李氏禾、匍茎剪股颖等。

（7）丁草胺+吡嘧磺隆+异噁草松　可用含量分别为60%+2%+8%的制剂（有效成分）735～1 050 g/hm²，水稻旱直播田播后苗前土壤喷雾处理防治多种杂草，如千金子、马唐、双穗雀稗、稻稗、稗草、三棱草、泽泻、萤蔺、眼子菜、牛筋草、狼杷草、雨久花、节节菜、陌上菜、水莎草、野荸荠、牛毛毡、异型莎草、稻李氏禾等。水直播稻田禁用。大风天或预计1 h内降雨，勿施药。对蜜蜂、家蚕和鱼类等水生生物有毒，赤眼蜂等天敌放飞区禁用，鱼、虾、蟹套养稻田禁用，施药后的田水不得直接排入水体。

（8）丙炔噁草酮+吡嘧磺隆　可用含量分别为20%+4%的制

剂（有效成分）72～92 g/hm²，或用含量分别为 30%＋13%的制剂（有效成分）64.5～129 g/hm²，水稻移栽田药土法撒施或甩瓶法施用。于水稻移栽前 3～7 d 使用，施药时水层 3～5 cm，施药后保水 5～7 d。严重漏水田不宜使用，鱼、虾、蟹套养稻田禁用，赤眼蜂等天敌放飞区域禁用，禁止在河塘等水体中清洗施药器具，施药后的田水不得直接排入水体。

(9) **二甲戊灵＋吡嘧磺隆＋异噁草松** 可用含量分别为30%＋2%＋10%的制剂（有效成分）504～630 g/hm²，水稻直播田播后苗前，兑水 600～750 kg/hm² 土壤喷雾使用。大风天或预计 1 h 内降雨请勿施药。对蜜蜂、家蚕和鱼类等水生生物有毒，开花植物花期、蚕室、桑园附近禁用，远离水产养殖区、河塘等水体施药，赤眼蜂等天敌放飞区禁用，鱼、虾、蟹套养稻田禁用，施药后的田水不得直接排入水体。

(10) **二甲戊灵＋吡嘧磺隆** 可用含量分别为 17%＋3%的制剂（有效成分）165～225 g/hm²，或用含量分别为 30%＋3%的制剂（有效成分）297～396 g/hm²，水稻移栽田于水稻移栽后 5～7 d，药土法撒施。施药田块要平整，水层 3～5 cm，施药后保水 5～7 d，防止水淹没稻苗心叶。若水层不足时可缓慢补水，但不能排水。漏水田、弱苗田慎用。对鱼类有毒，远离水产养殖区施药，禁止在河塘等水体中清洗施药器具，避免药液进入地表水体；养鱼稻田禁用，施药后的田水不得直接排入河塘等水域。

(11) **二甲戊灵＋吡嘧磺隆＋噁草酮** 可用含量分别为 38%＋4%＋21%的制剂（有效成分）425.25～519.75 g/hm²，移栽田于水稻移栽前，稻田整地沉浆后，拌干细土 150～225 kg/hm² 药土法撒施。施药时田间水层 3～5 cm，施药后保水 5～7 d。插秧时或插秧后遇雨应及时排水，勿使水层淹没水稻心叶。若水层不足可缓慢补水。漏水田勿用，鱼、虾、蟹套养稻田禁用，施药后的田水不得直接排入河塘等水域，赤眼蜂等天敌放飞区域禁用。

(12) **二甲戊灵＋吡嘧磺隆＋乙氧氟草醚** 可用含量分别为 45%＋5%＋16%的制剂（有效成分）396～495 g/hm²，水稻移栽田药土法撒施。水稻移栽前，稻田整地沉浆后，拌干细土 150～225 kg/hm^2 均匀撒施，施药时田间水层 3～5 cm，施药后保水 5～7 d，插秧时或插秧后遇雨应及时排水，勿使水层淹没水稻心叶。若水层不足时可缓慢补水，漏水田勿用。

（13）吡嘧磺隆＋硝磺草酮　可用含量分别为 5%＋20%的制剂（有效成分）75～112.5 g/hm^2，水稻移栽田通过药土法撒施。适宜施药时期为水稻移栽后 10～20 d。注意只能用于粳稻，对泰国香稻和黑稻（早熟品种）较敏感，使用前宜先行小区试验后再行推广。

（14）吡嘧磺隆＋莎稗磷　可用含量分别为 1.7%＋30.3%的制剂（有效成分）288～336 g/hm^2，水稻移栽田通过药土法撒施。水稻插秧后 5～7 d，稗草 2 叶期前用药，用药后 10 d 内稻田落干应立刻补水，勿使水层淹没稻苗心叶。盐碱地采用推荐的下限用药量。用药后如稻苗顶部出现轻度发黄症状，2 周后会自然恢复正常，不影响产量。

（15）吡嘧磺隆＋五氟磺草胺　可用含量分别为 2%＋2%的制剂（有效成分）30～48 g/hm^2，或用含量分别为 4%＋6%的制剂（有效成分）30～45 g/hm^2，水稻直播田茎叶喷雾施用。或用含量分别为 5%＋8%的制剂（有效成分）35.1～42.9 g/hm^2，水稻移栽田茎叶喷雾施用。用药期应为稗草 2～3 叶期。施药前稻田排水，使杂草茎叶 2/3 以上露出水面，兑水 300～450 kg/hm^2 施药后 1～3 d 内灌水，保持 3～5 cm 水层 5～7 d。水层勿淹没水稻心叶，避免药害。对蜜蜂、家蚕、鸟类和鱼等水生生物有毒，避免药剂进入水体造成对水生生物的毒害。鸟类保护区禁用，蚕室及桑园附近禁用，鱼、虾、蟹套养稻田禁用，赤眼蜂等天敌放飞区禁用。

（16）吡嘧磺隆＋氰氟草酯　水稻直播田可用含量分别为2%＋8%的制剂（有效成分）120～150 g/hm^2 茎叶喷雾施用，适宜施药期在水稻 2 叶 1 心至 3 叶 1 心期；水稻移栽田可用含量分别为 3%＋12%的制剂（有效成分）135～180 g/hm^2 于移栽后 5～7 d、杂草 2～4 叶期，茎叶喷雾施用。施药前排水至稻田土壤处于水分饱和状态或 1 cm 左右的水层，使杂草茎叶至少 2/3 以上露出水面

后喷药，施药后 1 d 上水至 3～5 cm 水层，并保水 5～7 d，水层不能淹没秧苗心叶，如田间漏水应及时补灌。

（17）吡嘧磺隆＋五氟磺草胺＋氰氟草酯　可用含量分别为 5%＋3.5%＋12.5%的制剂（有效成分）63～94.5 g/hm^2，或用含量分别为 3%＋3%＋18%的制剂（有效成分）108～144 g/hm^2，于水稻直播田茎叶喷雾施药，适宜施药时期为直播稻田杂草 2～4 叶期。施药前排水，使杂草茎叶 2/3 以上露出水面，施药后 1～3 d 内上水，保持 3～5 cm 水层 5～7 d。注意水层勿淹没水稻心叶，大风天或预计 1 h 内降雨勿施药。不可与碱性农药等物质混用。对鱼、藻类毒性较高，水产养殖区、河塘等水体附近禁用，鱼、虾、蟹套养稻田禁用。

（18）吡嘧磺隆＋五氟磺草胺＋二氯喹啉酸　可用含量分别为 2%＋2%＋22%的制剂（有效成分）234～390 g/hm^2，直播田于水稻直播出苗后、杂草 2～4 叶期，兑水 450～600 kg/hm^2 茎叶喷雾施用。施药前排干田水，施药后 2 d 内复水，保持 3～5 cm 水层 5～7 d。大风天或预计 1 h 内降雨勿施药。对蜜蜂、家蚕和鱼类等水生生物有毒，开花植物花期、蚕室、桑园附近禁用，远离水产养殖区、河塘等水体施药，赤眼蜂等天敌放飞区禁用，鱼、虾、蟹套养稻田禁用，施药后的田水不得直接排入水体。

（19）吡嘧磺隆＋氰氟草酯＋二氯喹啉酸　可用含量分别为 1%＋9%＋10%的制剂（有效成分）180～300 g/hm^2，在水稻直播田，于水稻出苗后、杂草 2～4 叶期，兑水 450～600 kg/hm^2 茎叶喷雾施用。施药前排干田水，施药后 2 d 内复水，保持 3～5 cm 水层 5～7 d。水层勿淹没水稻心叶以免发生药害，大风天或预计 1 h 内降雨勿施药。

（20）吡嘧磺隆＋五氟磺草胺＋丙草胺　水稻直播田可用含量分别为 2%＋2%＋32%的制剂（有效成分）324～540 g/hm^2，茎叶喷雾施用。水稻移栽田可用含量分别为 0.75%＋1.5%＋27.75%的制剂（有效成分）360～450 g/hm^2，茎叶喷雾施用，适宜施药时期为杂草 2～4 叶期。

（21）吡嘧磺隆＋氰氟草酯＋双草醚　可用含量分别为2%＋15%＋5%的制剂（有效成分）120～150 g/hm²，在水稻直播田茎叶喷雾施药。于水稻4～5叶期、杂草2～3叶期施药。避免高温下施药，大风天或预计1 h内降雨勿施药。赤眼蜂等天敌放飞区禁用，鱼、虾、蟹套养稻田禁用。

（22）吡嘧磺隆＋氰氟草酯＋嘧啶肟草醚　可用含量分别为2%＋15%＋3%的制剂（有效成分）120～150 g/hm²，于水稻直播田茎叶喷雾施药。适宜施药时期为水稻4～5叶期、杂草2～3叶期。鱼、虾、蟹套养稻田禁用。

（23）吡嘧磺隆＋二氯喹啉酸＋嘧啶肟草醚　可用含量分别为2%＋20%＋3%的制剂（有效成分）225～375 g/hm²，于直播田水稻4～5叶期、杂草2～3叶期茎叶喷雾施药。鱼、虾、蟹套养稻田禁用。

（24）吡嘧磺隆＋双草醚　可用含量分别为10%＋20%的制剂（有效成分）45～90 g/hm²，或用含量分别为5%＋20%的制剂（有效成分）30～45 g/hm²，于水稻直播田茎叶喷雾施用。适宜施药期在水稻3.5叶期后，避免在水稻秧苗2.5叶期前施用，水稻孕穗扬花期不能用药。苗弱、苗小田块不宜施用，施用后降雨会降低药效，但喷药6 h后降雨不影响药效。气温低于18 ℃时不宜用药。水产养殖区、河塘等水体附近禁用，鱼、虾、蟹套养稻田禁用。

（25）吡嘧磺隆＋二氯喹啉酸　可用含量分别为3%＋47%的制剂（有效成分）337.5～450 g/hm²，于水稻直播田茎叶喷雾施用。适宜施药期为水稻2～3叶期、稗草1.5～3叶期。用药前排水至浅水或泥土湿润状喷雾，施药1～2 d后上水保持2～5 cm水层5～7 d，水层勿淹没水稻心叶。药后如果降水应迅速排干畦面积水。养鱼稻田禁用。下列情况下水稻秧苗对本药剂敏感，不宜施用：水稻浸种后播种；播后稻种露芽；水稻秧苗处于2叶期之前；水稻孕穗之后。使用过或准备使用多效唑的秧田不能使用该除草剂。

（26）吡嘧磺隆＋双草醚＋二氯喹啉酸　可用含量分别为5%＋

5%+50%的制剂（有效成分）270～360 g/hm²，于直播田水稻4～5叶期、杂草2～3叶期，茎叶喷雾施用。施药前排干田水，保持田间湿润，施药后1～2 d回水并保持3～5 cm水层5～7 d，水层不能淹没水稻心叶。大风天或预计1 h内降雨勿施药。对蜜蜂、家蚕和鱼类等水生生物有毒，远离水产养殖区施药，赤眼蜂等天敌放飞区禁用，鱼、虾、蟹套养稻田禁用。

（27）吡嘧磺隆+唑草酮+二氯喹啉酸　可用含量分别为4%+2%+50%的制剂（有效成分）252～420 g/hm²，水稻移栽田，于水稻移栽返青后至分蘖末期、杂草2～4叶期，兑水450 kg/hm²以上茎叶喷雾施用。施药前1 d将田水排干，施药后1～2 d灌水入田，并保持3～5 cm水层5～7 d，水层勿淹没水稻心叶。唑草酮见光后能充分发挥药效，阴天不利其药效发挥。若局部用药量过大，作物叶片在2～3 d内可能出现小红斑，但施药后7～10 d即可恢复正常生长。养鱼稻田禁用。

（28）吡嘧磺隆+2甲4氯钠　可用含量分别为2%+16%的制剂（有效成分）243～311 g/hm²，直播田于水稻分蘖期茎叶喷雾防治莎草及阔叶杂草。施药前排干田水，药后1～3 d回水，保持水层3～5 cm 5～7 d，严重漏水田不宜使用。

（29）吡嘧磺隆+唑草酮+2甲4氯钠　可用含量分别为14%+7%+42%的制剂（有效成分）113.4～170.1 g/hm²，于水稻移栽田施用防治阔叶杂草及莎草科杂草，如水苋菜、鸭舌草、丁香蓼、野慈姑、雨久花等。于水稻移栽返青后至分蘖末期、杂草2～4叶期，兑水450 kg/hm²以上，茎叶喷雾。施药前1 d将田水排干，施药后1～2 d灌水入田，并保持3～5 cm水层5～7 d，水层勿淹没水稻心叶。唑草酮见光后能充分发挥药效，阴天不利其药效发挥。若局部用药量过大，作物叶片在2～3 d内可能出现小红斑，但施药后7～10 d可恢复正常生长。养鱼稻田禁用。

（30）吡嘧磺隆+氯氟吡氧乙酸异辛酯+2甲4氯钠　可用含量分别为8%+21%+26%的制剂（有效成分）165～247.5 g/hm²，于水稻移栽田施用防治阔叶杂草及莎草科杂草。于水稻移栽返青后至分蘖末期、杂草 2～4 叶期，兑水 450 kg/hm^2 以上，茎叶喷雾施用。施药前将田水排干，施药后 1～2 d 灌水入田，并保持 3～5 cm 水层 5～7 d，水层勿淹没水稻心叶。

（31）吡嘧磺隆＋嘧草醚　可用含量分别为 10%＋15%的制剂（有效成分）56～75 g/hm^2，直播田于水稻分蘖期、杂草 3 叶期前拌细土或细沙 375 kg/hm^2 药土法撒施。撒施时田间应有 5～7 cm 水层，施药后保水 5～7 d，注意水层勿淹没水稻心叶。鱼、虾、蟹套养稻田禁用。

（32）吡嘧磺隆＋丙草胺＋嘧草醚　可用含量分别为 2%＋30%＋3%的制剂（有效成分）315～525 g/hm^2，直播田于水稻直播后，杂草 3 叶期茎叶喷雾施用。不含安全剂的丙草胺制剂不能用于水直播稻田和秧田，以及高渗漏稻田播后苗前施用。

（33）吡嘧磺隆＋扑草净＋西草净　该复配组合配比较多，可用含量分别为 3%＋16%＋20%的制剂（有效成分）243～351 g/hm^2，或用含量分别为 3%＋12%＋16%的制剂（有效成分）232.5～279 g/hm^2，或用含量分别为 4.5%＋18.5%＋27%的制剂（有效成分）225～337.5 g/hm^2，于水稻移栽田药土法撒施。水稻移栽后 7～10 d，拌细潮土 150～225 kg/hm^2 撒施。对鱼、大型溞、藻类、赤眼蜂有毒，远离水产养殖区施药，赤眼蜂等天敌放飞区禁用，鱼、虾、蟹套养稻田禁用。

（34）吡氟酰草胺＋吡嘧磺隆　可用含量分别为 63%＋7%的制剂（有效成分）157.5～210 g/hm^2，于水稻移栽田药土法撒施，水稻移栽活棵后施用。施药前稻田须灌水 3～5 cm，施药后要保水 5～7 d，注意水层勿淹没水稻心叶。

三十、嘧苯胺磺隆　Orthosulfamuron

磺酰脲类乙酰乳酸合酶（ALS）抑制剂，为内吸传导型除草剂。是由 Isagro 和 Rice Co. 公司开发的磺酰脲类除草剂，2007 年首次在美国获准登记用于稻田除草，2012 年在我国取得登记。

【防治对象】防除低龄稗草及多数稻田阔叶杂草和莎草，如鸭舌草、矮慈姑、节节菜、陌上菜、异型莎草、碎米莎草。

【特点】可以作为苗前处理剂或者苗后处理剂使用，防除稻田莎草与禾本科杂草，该除草剂效果显著、性能优异。

【使用方法】移栽稻田茎叶喷雾或药土法施用，用量（有效成分）为 60～75 g/hm^2，最佳施药时期在水稻插秧后 5～7 d。

【注意事项】在南方稻田使用存在一定程度的水稻生长被抑制和失绿症，于施药 2 周后可恢复。

三十一、苄嘧磺隆 Bensulfuron-methyl

磺酰脲类乙酰乳酸合酶（ALS）抑制剂，为内吸传导型除草剂，又称苄磺隆、亚磺隆，早期商品名：农得时。1984 年由美国杜邦公司研发。

【防治对象】阔叶杂草和莎草。对异型莎草、碎米莎草、水虱草、丁香蓼、鳢肠防效突出；对鸭舌草、野慈姑、牛毛毡、节节菜、水苋菜防效也较好；对刚毛荸荠、水莎草、眼子菜、扁秆藨草、萤蔺防效不佳。

【特点】该药的有效成分在水中扩散迅速，温度、土质对除草效果影响小，在土壤中移动性小，在酸性土壤中分解较快，对后茬作物的残留药害风险低。

【使用方法】适用于直播稻田、移栽稻田、育秧田和抛秧稻田。直播田和育秧田可在播种后 3～10 d 施药，用量（有效成分）为 30～50 g/hm^2，兑水 450 kg/hm^2 均匀喷雾。移栽稻田在移栽前至移栽后 3 周内均可使用，可通过药土法撒施或土壤喷雾施药。移栽田用药时田间应有 3～5 cm 水层，用药后保水 5～7 d，使用剂量不同产品相差较大，（有效成分）30～75 g/hm^2。抛秧稻田在抛秧后 5～10 d 秧苗活棵返青时施用。

【注意事项】双子叶作物对苄嘧磺隆敏感，施药时应避免飘（漂）移药害。大风天或预计 6 h 内降雨，勿施药。

【复配】

（1）苄嘧磺隆＋丙草胺　可用含量分别为2%＋28%的制剂（有效成分）360～540 g/hm²，或用含量分别为2%＋33%的制剂（有效成分）367～420 g/hm²，直播稻田于水稻播后2～4 d，土壤喷雾施用，稗草萌芽至立针期施药效果最佳。在水稻移栽田施用，可用含量分别为4%＋36%的制剂（有效成分）420～480 g/hm²，或用含量分别为2%＋33%的制剂（有效成分）367～420 g/hm²，于水稻移栽后5～7 d，采用喷雾法施药，喷药液量450 kg/hm²，施药时保持稻田浅水层3～4 cm，保水5～7 d，以后恢复正常管理。也可以采用含量分别为0.33%＋2.67%的颗粒剂（有效成分）337.5～450 g/hm²，或用含量分别为0.5%＋4.5%的颗粒剂（有效成分）262.5～337.5 g/hm²，或用含量分别为2%＋18%的制剂（有效成分）360～420 g/hm²，于水稻移栽或抛秧后5～7 d通过药土法撒施，施药时田内应保持水层3～5 cm，并在7 d内不排水。适宜在田间杂草萌发期、稗草1～2叶期施药；施药地块要平整，漏水地段、沙质土、漏水田施用效果差。对水藻急性毒性高毒，鱼、虾、蟹套养稻田禁用，开花植物花期、蚕室、桑园附近禁用，赤眼蜂等天敌放飞区慎用。对席草、荸荠、慈姑等阔叶作物敏感，注意防止漂移药害。不含安全剂的丙草胺制剂不能用于水直播稻田和秧田，以及高渗漏稻田播后苗前施用。

（2）苄嘧磺隆＋异丙草胺　可用含量分别为3.5%＋15%的制剂（有效成分）111～138.8 g/hm²，或用含量分别为5%＋25%的制剂（有效成分）135～180 g/hm²［部分产品推荐用量（有效成分）为112.5～135 g/hm²］，在水稻移栽田通过药土法撒施。水稻移栽后5～7 d（稻苗返青后）、稗草1叶1心期前，拌湿细土225～300 kg/hm²，待稻叶上没有露水时均匀撒施。施药时稻田内须有3～5 cm水层，施药后7 d内不排水。适用于长江流域及其以南大苗移栽田，不能用于秧田、直播田或抛秧田。该除草剂限用于阔叶杂草优势、稗草发生量少的稻田。不可与碱性物质混合施用。低温下，小苗弱秧田易出现抑制现象。

(3) 苄嘧磺隆+异丙甲草胺　可用含量分别为3%+7%的制剂(有效成分) 97.5～120 g/hm²，在水稻移栽田通过药土法撒施，于插秧前1～3 d或早稻插秧后7～10 d、晚稻插秧后3～7 d施用。或用含量分别为4%+16%的泡腾粒剂(有效成分) 150～180 g/hm²，于水稻移栽后3～7 d(即扎根直立后)，稗草1叶1心期施用。

(4) 苄嘧磺隆+苯噻酰草胺　常见制剂含量分别为3%+47%，不同的商品推荐用量范围变化较大。水稻直播田、移栽田、抛秧田药土法撒施，防控多种杂草，如稗草、三棱草、异型莎草、母草、鸭舌草、泽泻、野慈姑、节节菜、牛毛菜、眼子菜、水芹、谷精草、田皂角(合萌)、田菁、扁穗莎草、碎米莎草、水莎草等。水稻移栽田，南方地区用量(有效成分) 408～510 g/hm²，北方地区用量(有效成分) 663～816 kg/hm²，于水稻移栽后5～7 d、水稻抛秧后7～10 d用药。水稻直播田，于秧苗2叶1心期(南方地区稻田于播后8～11 d)、稗草2叶期前用药。水稻抛秧田，可用含量分别为0.024%+0.396%的颗粒剂(有效成分) 630～756 g/hm²，于抛秧后5～10 d撒施。施药前田间保持水层3～4 cm，药后保水5～7 d，如缺水可缓慢补水，不能排水。若水层淹过水稻心叶，易产生药害。

(5) 异丙甲草胺+苄嘧磺隆+苯噻酰草胺　可用含量分别为5%+3%+25%的制剂(有效成分) 247.5～297 g/hm²，长江流域及其以南地区的水稻大苗(30 d以上秧龄)抛秧田通过药土法撒施。于水稻抛秧后4～6 d，水稻完全活苗后拌细土均匀撒施。水稻机插秧田、直播田、秧田、制种田、病弱苗田、漏水田均不能施用。

(6) 乙草胺+苄嘧磺隆+苯噻酰草胺　可用含量分别为4.5%+1.5%+30%的制剂(有效成分) 216～270 g/hm²，水稻抛秧田通过药土法撒施。水稻移栽后4～7 d，拌细沙土或肥料150 kg/hm²左右均匀撒施。施药前田间灌水层3～5 cm，药后保水5～6 d。水层不足时应缓慢补水，水层勿淹没水稻心叶，田块不平整容易导致药害。仅限于秧龄3叶1心期以上的水稻抛秧田施用，秧田、直播田、漏水田、倒苗田、弱苗田禁用。不可采用喷雾法施药，水稻秧苗上的露水未干不可施药。不可使含有该除草剂药液的田水流入荸荠田、席草田、藕田、鱼塘，以免发生药害。

(7) 甲草胺＋苄嘧磺隆＋苯噻酰草胺　可用含量分别为8%＋6%＋16%的制剂（有效成分）270～360 g/hm²，水稻移栽田泡腾片剂直接撒施。沿着田埂均匀抛撒，一般10 m宽为一抛撒带。移栽稻田插秧前3～4 d或插秧后5～7 d施药，施药时水层5 cm左右，保水5～7 d，注意勿使水层淹没水稻心叶。青苔、藻类、水绵严重的田块慎用，漏水田慎用，直播田和秧田禁用，水温低于10 ℃时慎用。

(8) 苄嘧磺隆＋二氯喹啉酸＋苯噻酰草胺　可用含量分别为4.5%＋5.5%＋78%的制剂（有效成分）396～528 g/hm²，直播稻田，于水稻3～4叶期、杂草2～4叶期茎叶喷雾施用。施药前放干田水，药后2 d回水，保持田间3～5 cm水层5～7 d后正常管理。大风天或预计6 h内降雨勿施药。

(9) 苄嘧磺隆＋西草净＋苯噻酰草胺　可用含量分别为6%＋20%＋50%的制剂（有效成分）684～912 g/hm²，或用含量分别为6%＋20%＋54%的制剂（有效成分）360～480 g/hm²，在水稻移栽田拌细潮土（肥）225～300 kg/hm² 药土法撒施。最佳施药时期在水稻移栽后7 d、稗草1.5叶期前。施药时田间应有3～5 cm水层，施药后保水5～7 d，如缺水可缓慢补水，以免影响药效。施药后水层不应淹过水稻心叶。漏水地段、沙质土田、漏水田影响施用效果。不可与碱性物质混用。

(10) 丁草胺＋苄嘧磺隆　水稻抛秧田，可用含量分别为28.5%＋1.5%的制剂（有效成分）540～725 g/hm²，药土法撒施。抛秧后5～8 d，待稻叶露水干后，拌细沙土375～450 kg/hm² 均匀撒施，随拌随用。施药时稻田保持3～5 cm水层，但水层不能淹没水稻心叶，保水3～5 d。也可用含量分别为0.304%＋0.016%的制剂（有效成分）681.75～757.5 g/hm²，作为药肥混剂撒施。南方地区水稻移栽田，可用含量分别为33.7%＋1.3%的制剂（有效

成分）540～675 g/hm²，通过药土法撒施。水稻直播田和育秧田，可用含量分别为33.7%+1.3%的制剂（有效成分）525～750 g/hm²，于播前1～2 d或秧苗1.5叶时喷雾施用。不宜用于水稻漏水田、重沙田及盐碱田，不能与含铜的农药制剂及碱性药剂混用。

（11）丁草胺＋苄嘧磺隆＋扑草净　可用含量分别为28%＋1%＋4%的制剂（有效成分）1 320～1 650 g/hm²，在水稻旱育秧田、半旱育秧田土壤喷雾施用。播种覆土后盖膜前施药，兑水750 kg/hm²，搅拌均匀喷洒于苗床。苗床施药前要浇透水，苗床上面不可积水。

（12）异丙隆＋苄嘧磺隆　可用含量分别为56%＋4%的制剂（有效成分）360～450 g/hm²，南方地区直播稻田进行播后苗前土壤喷雾处理，防除多种杂草；水直播稻田于播前1 d或播后2 d内施用，旱直播稻田于播后3～5 d施用，播后土壤湿度不够会导致药效下降。籼稻或含籼稻成分的杂交稻品种田块，严禁在水稻放叶后再用，否则易伤苗。制种秧田勿施用。也可用于南方地区水稻移栽田，于水稻移栽活棵后（栽后5 d左右），先灌水平田面，水层深度以不淹没水稻心叶为准，以（有效成分）540～720 g/hm² 的剂量通过药土法撒施。

（13）异丙隆＋苄嘧磺隆＋丁草胺　可用含量分别为24%＋2%＋24%的制剂（有效成分）375～450 g/hm²，在南方地区水稻直播田，通过土壤喷雾或药土法撒施，防治多种杂草，如千金子、稗草、异型莎草、鳢肠、节节菜、丁香蓼、眼子菜、牛毛毡、鸭舌草等。于水稻播种后至立针前使用，兼有土壤封闭和芽后早期除草活性，适用于水直播、旱直播稻田。播种盖土后可立即用药，田间有积水时不宜施药。药后保持田间土壤湿润而不能有积水，水稻1叶1心期后才能建立水层，但水层不能淹没心叶。

（14）乙草胺＋苄嘧磺隆　水稻移栽田可用含量分别为15.5%＋4.5%的制剂（有效成分）84～118 g/hm²，于移栽后5～7 d秧苗返青时，拌细沙土300 kg/hm²，采用药土法撒施，防治多种杂草，如稗草、千金子、异型莎草、鸭舌草、水莎草、萤蔺、眼子菜、四叶萍、牛毛毡等。水稻移栽后5～20 d均可使用，也可以拌分蘖肥撒施。施药后稻田应保持3 cm左右水层，保水5～7 d，不可断水干田或水层淹没水稻心叶，对漏水田要采用续灌补水，药后遇大雨要及时排水。水稻抛秧田可用含量分别为5%+5%的制剂（有效成分）67.5～90 g/hm^2，拌湿润细沙土150～300 kg/hm^{2}撒施，或用含量分别为6%+6%的大粒剂（有效成分）57.6～79.2 g/hm^{2}直接撒施，于水稻抛秧后5～7 d，苗直立扎根后、稗草1.5叶期前施药，施药时田面保水3～5 cm，施药后保水5～7 d，其间不能排水，只能补水，防止水深淹没水稻心叶。适用于30 d以上秧龄的大苗抛秧田，沙质田、严重漏水田、秧田、直播田、病弱苗田、小苗田勿用。阔叶作物、韭菜、谷子、高粱等对该除草剂敏感，施药后对后茬敏感作物的安全间隔期应在80 d以上。鱼、虾、蟹套养稻田禁用，远离水产养殖区施药。施药后遇大幅降温或升温，暴雨或灌深水淹苗，会对秧苗生长发育有暂时抑制作用，加强田间管理，换水洗田，补施叶面肥，7～10 d可恢复正常。

（15）乙草胺+苄嘧磺隆+扑草净　可用含量分别为11.5%+1.9%+5.6%的制剂（有效成分）85.5～142.5 g/hm^2，长江流域及其以南大苗移栽田，药土法撒施。不能用于秧田、直播田、抛秧田、小苗移栽田。宜在移栽秧苗返青后、稗草1.5叶期前施药，施药前田间灌水层3～5 cm，药后保水5～7 d，不可断水干田或水层淹没水稻心叶。切勿让含有该除草剂药液的稻田水流入慈姑、荸荠等敏感作物田内。施药后遇大幅降温或升温天气会抑制秧苗生长，应加强田间管理，温度正常后7～10 d便可恢复。

（16）乙草胺+苄嘧磺隆+丁草胺　水稻移栽田可用含量分别为10.4%+1.9%+7.7%的制剂（有效成分）90～120 g/hm^2，水稻抛秧田可用含量分别为2.5%+1%+19%的制剂（有效成分）270～337.5 g/hm^2，于水稻移栽或抛秧后3～7 d，拌细沙土或肥料150 kg/hm^{2}左右均匀撒施。施药前田间灌水层3～5 cm，药后保水5～6 d，水层不足时应缓慢补水，勿使水层淹没水稻心叶。田块不平整容易导致药害，秧田、直播田、漏水田、倒苗田、弱苗田禁

用。不可采用喷雾法施药，水稻秧苗上的露水未干不可施药，不可使含有该除草剂药液的田水流入荸荠田、席草田、藕田、鱼塘，以免发生药害。

（17）乙草胺＋苄嘧磺隆＋二氯喹啉酸　可用含量为15.4%＋2.8%＋1%的制剂（有效成分）86.4～115.2 g/hm^2，水稻移栽田，于早稻移栽后5～7 d，晚稻移栽后3～5 d，药土法撒施防治多种杂草，如稗草、鸭舌草、四叶萍、瓜皮草、陌上菜、莎草、异型莎草、牛毛毡等。

（18）二甲戊灵＋苄嘧磺隆　水稻旱直播田可用含量分别为16%＋4%的制剂（有效成分）120～180 g/hm^2，土壤喷雾施用。在水稻播种盖土后出苗前施药，喷雾时兑水450～750 kg/hm^2。大风天或预计1 h内有降雨勿施药。水稻移栽田可用含量分别为12%＋4%的制剂（有效成分）96～192 g/hm^2，于水稻移栽后5～7 d，拌土或化肥150 kg/hm^{2}左右药土法撒施，施药时田间保持水层3～5 cm，保水5～7 d。大风天或预计1 h内降雨勿施药。施药时及施药后保水期间防止水层淹没秧苗心叶。勿与酸性、碱性物质混用，以免影响药效。漏水田、弱苗田慎用。

（19）二甲戊灵＋苄嘧磺隆＋异丙隆　可用含量分别为12.4%＋5.6%＋32%的制剂（有效成分）450～525 g/hm^2，在旱直播水稻播种覆土后1～2 d，兑水450～600 kg/hm^{2}土壤喷雾施药。用药后要保证田间湿润无积水，过于干旱影响防除效果，如有积水易产生药害，于水稻2叶期后再建立水层。该除草剂对绿藻高毒，对赤眼蜂高风险。水直播田、虾蟹套养稻田不能施用该除草剂，用药后的田水不能排入河塘等水体。玉米对该除草剂敏感，施药时应注意，避免药液飘移到玉米田造成药害。

（20）仲丁灵＋苄嘧磺隆　可用含量分别为30%＋2%的制剂（有效成分）240～336 g/hm^2，兑水450 kg/hm^{2}以上，在水稻直播田土壤喷雾施用。旱直播田于水稻播种覆土后2～3 d土壤喷雾处理；水直播田于播种前5 d左右施用，水稻出苗后不可施用。水产养殖区、河塘等水体附近禁用，鱼、虾、蟹套养稻田禁用，施药后的田水不得直接排入水体，赤眼蜂等天敌放飞区域禁用。

（21）苄嘧磺隆＋丙草胺＋异噁草松　可用含量分别为4%＋24%＋10%的制剂（有效成分）177～200 g/hm²，水稻直播田于播后苗前土壤喷雾施用。播种当天或播后3 d内用药，稗草1叶1心期前施药除草效果最佳。施药时田沟内必须要有浅水，畦面不能积水，防止畦面淹水或干燥，施药后5 d内保持田间湿润状态，以免降低除草效果。秧苗2叶1心后，应灌浅水，保证药效得到充分发挥。水稻种子必须经过催芽再进行播种，若盲谷（未催芽）播种，待谷种露白后立即施药。不含安全剂的丙草胺制剂不能用于水直播稻田和秧田，以及高渗漏稻田播后苗前施用。

（22）苄嘧磺隆＋禾草敌　可用含量分别为0.5%＋44.5%的制剂（有效成分）1 012.5～1 350 g/hm²，在水稻秧田和直播田药土法撒施，秧苗2叶1心期（稗草1～3叶期）用药。施药时田间须保持水层3～5 cm，施药后保水5～7 d，水层不可淹没秧苗心叶。仅适合药土撒施，不得用于喷雾，药土应随拌随施，以防挥发失效。重沙田、漏水田不宜施用。

（23）苄嘧磺隆＋莎稗磷　可用含量分别为2.5%＋17.5%的制剂（有效成分）300～360 g/hm²，或用含量分别为2.5%＋17.5%的制剂（有效成分）225～337.5 g/hm²，或用含量分别为5%＋33%的制剂（有效成分）285～342 g/hm²，在水稻移栽田、抛秧田待秧苗活棵后药土法撒施，水稻移栽5～7 d缓苗后即可施用。施药时稻田内水层控制在3～5 cm，施药后保水7 d以上，水层不能淹没稻苗心叶，10 d内勿使田间药水外流。大风天或预计1 h内降雨勿施用，避免在桑园、鱼塘、养蜂等场区施药，秧田、直播田、病弱苗田、漏水田等不能施用。

（24）苯噻酰草胺＋苄嘧磺隆＋莎稗磷　可用含量分别为30%＋5%＋20%的制剂（有效成分）742.5～825 g/hm²，在水稻移栽田、抛秧田药土法撒施，水稻移栽5～7 d缓苗后即可施用。施药时稻田内水层控制在3～5 cm，施药后保水7 d以上，水层不能淹没稻苗心叶，10 d内勿使田间药水外流。

(25) 丁草胺＋苄嘧磺隆＋草甘膦 可用含量分别为18.3%＋0.5%＋31.2%的制剂（有效成分）3 000～3 750 g/hm²，在免耕直播稻田，茎叶喷雾施用。免耕稻田于水稻播种前10～12 d对杂草茎叶喷雾用药，施药后5 d左右灌水淹没杂草泡田3～5 d后，田间无积水时播种，注意稻种播种前需浸种催芽。

(26) 2甲4氯钠＋苄嘧磺隆 可用含量分别为15%＋3%的制剂（有效成分）270～405 g/hm²，在水稻移栽田茎叶喷雾施用，可防治阔叶杂草及莎草科杂草。水稻分蘖期，施药前排干田水，兑水约750 kg/hm²茎叶喷雾处理。施药后1～2 d田间灌水至3～5 cm，水层勿淹没水稻心叶，保水3～5 d。漏水田宜用高剂量。莎草科杂草高2～20 cm均可施用，5～10 cm高时施用更适。

(27) 禾草丹＋苄嘧磺隆 可用含量分别为35%＋0.75%的制剂，在水稻移栽田、直播田、秧田通过药土法撒施防治多种杂草，如千金子、稗草、鸭舌草、泽泻、眼子菜、陌上菜、萤蔺、四叶萍、节节菜、狼杷草、野慈姑、矮慈姑、牛毛草、水虱草、三棱草等。用量（有效成分）：南方地区稻田1 072.5～1 605 g/hm²，北方地区稻田1 605～2 145 g/hm²，水稻秧田804～1 072 g/hm²。于水稻播后3～5 d，移栽5～7 d秧苗返青后，水稻秧苗立针期、稗草2叶期用药。水直播稻田也可在播种前通过药土法撒施。

(28) 扑草净＋苄嘧磺隆 可用含量分别为32%＋4%的制剂（有效成分）162～216 g/hm²，在南方地区水稻抛秧田施用，主要防治阔叶杂草及莎草科杂草。于南方地区水稻抛秧后5～7 d，拌细土300～450 kg/hm²撒施。施药时田间应有3～4 cm水层，水层高度不能淹没水稻心叶，并保水7 d左右。也可用含量分别为25%＋1%的制剂（有效成分）222.3～296.4 g/hm²，在水稻移栽田通过药土法撒施。

(29) 扑草净＋苄嘧磺隆＋西草净 可用含量分别为12%＋6%＋20%的制剂（有效成分）228～342 g/hm²，或用含量分别为14%＋7%＋24%的制剂（有效成分）202.5～337.5 g/hm²，水稻移栽田通过药土法撒施。北方水稻移栽前5～7 d，拌细土150～

225 kg/hm^2 撒施；或在水稻移栽后 10～15 d，在稻叶露水干后撒施，施药时和施药后应保持 3～5 cm 水层 5～7 d，注意水层高度不能淹没水稻心叶。在沙质土壤田不宜施用，气温超过 30 ℃不建议施用。

(30) 唑草酮+苄嘧磺隆　可用含量分别为 8%+30%的制剂（有效成分）57～78.8 g/hm^2，水稻移栽田采用茎叶喷雾施药防除阔叶杂草及莎草，水稻移栽返青后至分蘖末期、杂草 2～3 叶期均可施用。施药前排干田水，施药后 1～2 d 内放水回田，保持 3～5 cm 水层 5～7 d，之后恢复正常田间管理。注意水层勿淹没水稻心叶，避免药害。施药后遇雨会影响除草效果，但施药 6 h 后降雨无需重新喷药。若局部用药量过大，水稻叶片在 2～3 d 内可能出现小红斑，但施药 7～10 d 后可恢复正常生长。

(31) 二氯喹啉酸+苄嘧磺隆　可用含量分别为 32%+4%的制剂（有效成分）216～270 g/hm^2，水稻移栽田、抛秧田于水稻秧苗移栽、抛秧后 7 d 左右，茎叶喷雾施药，可防除多种杂草，如稗草、鸭舌草、矮慈姑。也可用于水稻直播田，于秧苗 3～4 叶期、稗草 3～4 叶期茎叶喷雾施药，施用剂量为（有效成分）216～324 g/hm^2。施药时排干田水，保持土壤湿润，药后 1～2 d 灌水，保持 3～5 cm 水层 5～7 d。气温低于 15 ℃或高于 35 ℃，弱苗田块不宜施用。地膜覆盖旱育秧田、制种田慎用。

(32) 苄嘧磺隆+双草醚　可用含量分别为 12%+18%的制剂（有效成分）45～67.5 g/hm^2，在水稻直播田通过茎叶喷雾施药。水稻 4～5 叶期、杂草 3～4 叶期施用效果最佳。施药前田间排水并保持湿润，施药后 1～2 d 再上水并保持 3～5 cm 水层 7 d，水层不可淹没水稻心叶。糯稻田禁用。粳稻田施用后叶片有褪绿发黄现象，南方地区 4～7 d 内可恢复，北方地区 7～10 d 内可恢复，气温越高，恢复越快，不影响产量。施用后，若发现水稻略有发黄、蹲苗现象，宜用肥料催苗，不影响产量。气温低于 15 ℃时，施用效果较差，异常高温天气（气温高于 35 ℃）建议不要施用。

(33) 苄嘧磺隆+嘧草醚　可用含量分别为 20%+20%的制剂

（有效成分）60～72 g/hm²，水稻移栽田于水稻移栽后 3～7 d 药土法撒施，施药后保水 5～7 d，注意水层勿淹没水稻心叶。远离水产养殖区、河塘等水体施药，鱼、虾、蟹套养稻田禁用，施药后的田水不得直接排入水体，赤眼蜂等天敌放飞区域禁用。

（34）哌草丹＋苄嘧磺隆　可用含量分别为 16.6%＋0.6%的制剂（有效成分）516～774 g/hm²，水稻秧田和南方直播田于播后苗前土壤喷雾施用，播后 1～4 d 施药。也可用于直播稻田和秧田，播前 7 d 内施用。大风天或预计 1 h 内降雨勿施药。应避免在桑园、鱼塘、养蜂等场区施药。在土壤中移动性小，温度、土质对其除草效果影响小。

（35）苄嘧磺隆＋五氟磺草胺＋氰氟草酯　可用含量分别为 5%＋3.5%＋12.5%的制剂（有效成分）94.5～157.5 g/hm²，直播稻田，于杂草 2～3 叶期，兑水 300～450 kg/hm²，茎叶细喷雾施药，施药前排水，施药后 1～3 d 内灌水并保持 3～5 cm 水层 5～7 d。

三十二、氯吡嘧磺隆　Halosulfuron-methyl

磺酰脲类乙酰乳酸合酶（ALS）抑制剂，为内吸传导型除草剂。商品名：莎草净。日产化学工业株式会社与孟山都公司联合研发，能有效防除禾本科田的阔叶杂草和莎草科杂草。

【防治对象】可用于水稻直播田和移栽田防除阔叶杂草和莎草科杂草。对香附子、野荸荠、扁秆藨草等莎草科杂草特效。

【特点】高效、低毒，对禾本科作物安全。

【使用方法】直播水稻播后苗前使用剂量（有效成分）为 22.5～33.75 g/hm²，兑水 450 kg/hm² 均匀喷雾；水稻 3～6 叶期茎叶喷雾，使用剂量（有效成分）为 33.75～45 g/hm²。

【注意事项】在沙土田使用时可适当降低用量。

【复配】

（1）异丙隆＋氯吡嘧磺隆＋丙草胺　可用含量分别为 29.5%＋

1.5%+16%的制剂（有效成分）564～846 g/hm²，在水稻旱直播田土壤喷雾施用。水稻直播后2～4 d，稗草萌芽至立针期施药效果最佳，施药时田间以畦面平整湿润、沟内有水为宜。

（2）苯噻酰草胺+氯吡嘧磺隆+硝磺草酮　可用含量分别为25%+1%+3%的泡腾片剂，直接在水稻移栽田或南方直播稻田撒施，于移栽水稻返青扎新根后（或南方直播稻4～6叶期）施用，南方地区制剂用量（有效成分）为652.5～870 g/hm²、北方地区为870～1 087.5 g/hm²。用药时田间保持3～5 cm水层5～7 d，缺水时补水，注意水层不能淹没水稻心叶。在东北地区，水稻插秧20～30 d且水稻已返青扎新根后方可施用。盐碱地、冷凉山地、地下冷水直接浇灌地、种子繁育地等特殊情况先试验后方可施用。杂草叶龄过大，杂草出水过高，药效会下降。对鱼类有毒，鱼、虾、蟹套养的稻田禁用，赤眼蜂等天敌放飞区域禁用。

三十三、乙氧磺隆　Ethoxysulfuron

磺酰脲类乙酰乳酸合酶（ALS）抑制剂，为内吸传导型除草剂。又名：太阳星、乙氧嘧磺隆。拜耳公司研发。

【防治对象】 用于防治稻田莎草和一年生阔叶杂草，可防除鸭舌草、飘拂草、异型莎草、碎米莎草、牛毛毡、水莎草、萤蔺、眼子菜、泽泻、鳢肠、矮慈姑、野慈姑、狼杷草、鬼针草、草龙、丁香蓼、节节菜、耳叶水苋、水苋菜、四叶萍、小茨藻、苦草、水绵、谷精草等。对野荸荠、扁秆藨草防效不佳。

【特点】 土壤兼茎叶处理除草剂，杂草苗前土壤处理和杂草苗后茎叶处理均可，持效期较长，安全性好。也可在小麦、甜菜田使用。

【使用方法】 水稻直播田，华南地区用量（有效成分）为9～13.5 g/hm²，长江流域为13.5～20.25 g/hm²，华北及东北地区为22.5～33.75 g/hm²；水稻移栽田和抛秧田，华南地区用量（有效成分）为6.75～11.25 g/hm²，长江流域为11.25～15.75 g/hm²，

华北及东北地区为 15.75～31.50 g/hm²。药土法撒施，南方移栽稻田、抛秧田栽后 3～6 d，北方移栽稻田、抛秧田栽后 4～10 d，杂草 2 叶期前，拌沙土或化肥 75～105 kg/hm² 混匀撒施有 3～5 cm 水层的稻田中，施用后保持 3～5 cm 水层 7～10 d，勿使水层淹没稻苗心叶。喷雾法，南方直播稻播后 10～15 d，北方直播稻播后 15～20 d，稻苗 2～4 叶期，兑水 150～375 kg/hm² 喷雾施药；插秧稻田、抛秧稻田于栽后 10～20 d，杂草 2～4 叶期间，兑水150～375 kg/hm² 喷雾施药。防除露出水面的大龄杂草时，应采用茎叶喷雾处理。在野荸荠为害较重的稻田，可以在栽秧后 4～6 d 先施用莎稗磷，栽后 20 d 再施用乙氧磺隆防除。

【注意事项】不宜在栽前使用。盐碱地采用推荐的低用药量，施药 3 d 后可换水排盐。乙氧磺隆与二氯喹啉酸混用对 4 叶期之前的水稻易产生药害。

【复配】

乙氧磺隆＋苯噻酰草胺　水稻直播田可用含量分别为 10%＋60%的制剂（有效成分）105～157.5 g/hm²，播后 7～15 d，杂草 2～3 叶期茎叶喷雾施药。于无风晴天（或微风），兑水 450 kg/hm² 茎叶喷雾，施药前 1 d 将田水排干，保持土壤湿润，施药 2 d 后灌水至 3～5 cm 水层，水层不可淹没水稻心叶，保水 5～7 d 后正常管理。水稻移栽田可用含量分别为 2.5%＋72.5%的制剂（有效成分）562.5～675 g/hm²，于水稻移栽充分缓苗后药土法撒施，施药时及施药后 7～10 d 保持 3～5 cm 水层。鱼、虾、蟹套养的稻田禁用，施药后的田水不得直接排入水体。该除草剂对溞类、藻类有毒，赤眼蜂等天敌放飞区禁用，不可与碱性农药等混合使用。另有含量分别为 2.5%＋72.5%的制剂，推荐采用药土法撒施于水稻移栽田，推荐用量（有效成分）为 562.5～675 g/hm²。

三十四、醚磺隆　Cinosulfuron

磺酰脲类乙酰乳酸合酶（ALS）抑制剂，为内吸传导型除草剂，又名：莎多伏、甲醚磺隆。由诺华公司研发。

【防治对象】一年生阔叶草和莎草，如矮慈姑、节节菜、丁香蓼、陌上菜、水竹叶、异型莎草、扁秆藨草等。

【特点】主要通过根部和茎部吸收，由输导组织传送到分生组织，抑制支链氨基酸的生物合成。用药后杂草停止生长，5～10 d 后植株开始黄化，枯萎死亡。

【使用方法】移栽田，插秧后 5～15 d 秧苗已返青时施用。南方移栽稻田用量（有效成分）为 15～18 g/hm^2，北方移栽稻田用量（有效成分）为 24～30 g/hm^2，常采用喷雾法，也可采用药土法。

【注意事项】于水稻移栽后 4～10 d 内用药为最佳。施药前后田间应保持 2～4 cm 水层，药后保水 5～7 d。由于该除草剂水溶性高，所以施药后田间不能串灌。不宜用于渗漏性大的稻田，因为有效成分会随水渗漏集中到根区，导致药害。水稻 3 叶期以前不宜使用。

【复配】

（1）乙草胺＋醚磺隆　可用含量分别为 21％＋4％的制剂（有效成分）75～112.5 g/hm^2，长江流域及其以南地区大苗移栽稻田，通过药土法撒施。于水稻移栽后 5 d 秧苗开始返青、杂草未出土或于 1～2 叶期时施药效果最佳。撒药前后田间应保持 3～5 cm 水层，水深不得淹没秧苗心叶，药后继续保水 7 d。喷雾或泼浇法施药可导致水稻严重药害。

（2）丙草胺＋醚磺隆　可用含量分别为 19.5％＋1.5％的制剂（有效成分）378～472.5 g/hm^2，移栽稻田，于水稻移栽返青后，通过药土法撒施。施用时先按 1∶10 的比例用水稀释，后拌细沙土 450 kg/hm^2 撒施，施药后保持水层 7～10 cm，保水 7 d 以上。施药后遇大雨应及时排水，防止水层过深淹没水稻心叶，导致药害产生。漏水田块勿用，不适宜在糯稻田用药。远离水产养殖区、河塘等水体施药，鱼、虾、蟹套养稻田禁用，施药后的田水不得直接排入水体。

第三节　茎叶杀草为主的除草剂

三十五、氰氟草酯　Cyhalofop-butyl

芳氧苯氧基丙酸酯类内吸传导型除草剂，乙酰辅酶 A 羧化酶（ACCase）抑制剂。美国陶氏益农公司研发。

【防治对象】 稗草、千金子等禾本科杂草。高剂量对马唐有效，对乱草防效差。

【特点】 氰氟草酯是芳氧苯氧丙酸类除草剂中对水稻具有高度安全性的品种。在水稻体内，可被迅速降解为对乙酰辅酶 A 羧化酶无活性的二酸态，因而对水稻具有高度的安全性。在土壤中和典型的稻田水中分解迅速，对后茬作物安全。

【使用方法】 在稻田杂草 3 叶期至分蘖期，常采用（有效成分）75～105 g/hm^2 进行茎叶喷雾。施药时，稻田中的水层低于1 cm 或排干（土壤水分为饱和状态）可达最佳药效，杂草植株 50%高于水面，也可达到较理想的效果，2 d 后正常管理。

【注意事项】 与 2,4 -滴丁酯、2 甲 4 氯、磺酰脲类以及灭草松混用时可能会有拮抗现象而降低对杂草的防效，如需防除阔叶杂草及莎草科杂草，最好于施用氰氟草酯 7 d 后再施用防阔叶杂草除草剂。然而，生产中也有一些除草剂复配剂采用氰氟草酯与灭草松组合使用的情况。

【复配】

（1）*氰氟草酯＋五氟磺草胺*　可用含量分别为 5%＋1%的制剂，通过茎叶喷雾施用；用量（有效成分）：水稻移栽田为 90～148.5 g/hm^2，直播稻田为 90～120 g/hm^2，水稻秧田为 90～103.5 g/hm^2。水稻秧田应于稗草 1.5～2.5 叶期施用；直播稻田和移栽稻田应于稗草 2～3 叶期施用。施药前排水，使杂草茎叶 2/3 以上露出水面，兑水 300～450 kg/hm^2 喷雾，施药后 1～3 d 内灌水，保持 3～5 cm 水层 5～7 d。施药时及药后 1～2 d 内，水层不能淹没水稻心叶。该复配剂配方组合较多，注意按说明书使用。

(2) 苄嘧磺隆+五氟磺草胺+氰氟草酯　可用含量分别为5%+3.5%+12.5%的制剂（有效成分）94.5～157.5 g/hm^2，直播稻田，于杂草2～3叶期，兑水300～450 kg/hm^{2}茎叶喷细雾施药。施药前排水，施药后1～3 d内灌水并保持3～5 cm水层5～7 d。

(3) 丙草胺+五氟磺草胺+氰氟草酯　可用含量分别为20%+1%+7%的制剂（有效成分）336～504 g/hm^2，直播稻田于杂草2～3叶期，兑水300～450 kg/hm^{2}茎叶喷细雾施药。施药前排水使杂草茎叶2/3以上露出水面，施药后1～3 d内灌水，保持3～5 cm水层5～7 d。

(4) 双草醚+五氟磺草胺+氰氟草酯　可用含量分别为2%+1.5%+10.5%的制剂（有效成分）115.5～157.5 g/hm^2，直播稻田于杂草3～5叶期，田间杂草基本出齐后茎叶喷细雾施药。施药前排水使杂草茎叶2/3以上露出水面，施药1 d后灌水，保持3～5 cm水层5～7 d，注意水层不能淹没水稻心叶。大风天或预计1 h内有降雨勿施用。对鱼、藻高毒，水产养殖区、蚕室及桑园附近禁用，赤眼蜂等天敌放飞区域禁用。

(5) 嘧啶肟草醚+五氟磺草胺+氰氟草酯　可用含量分别为3%+2%+8%的制剂（有效成分）117～175.5 g/hm^2，水稻移栽田于杂草3～5叶期，田间杂草基本出齐后茎叶喷细雾施药。

(6) 唑草酮+五氟磺草胺+氰氟草酯　可用含量分别为1%+2.5%+12.5%的制剂（有效成分）96～144 g/hm^2，水稻直播田于杂草2～4叶期茎叶喷雾施药，施药时及药后1～2 d田间水层不能淹没水稻心叶。赤眼蜂等天敌放飞区域禁用，鱼、虾、蟹套养稻田禁用，施药后的田水不得直接排入水体。

(7) 氯氟吡氧乙酸异辛酯+五氟磺草胺+氰氟草酯　可用含量分别为10%+2.5%+15.5%的制剂（有效成分）168～210 g/hm^2，直播田于水稻3～4叶期、杂草2～4叶期茎叶喷雾施药。施药时及施药后1～2 d内水层不能淹没水稻心叶。赤眼蜂等天敌放飞区域禁用，鱼、虾、蟹套养稻田禁用，施药后的田水不得直接排入水体。

(8) 氰氟草酯+氯氟吡氧乙酸异辛酯+异噁草松　可用含量分

别为20%+6%+9%的制剂（有效成分）157.5～210 g/hm²，直播田于水稻3～5叶期，兑水375～450 kg/hm²，茎叶喷雾施药，以杂草2～4叶期施药效果最佳。施药前排干田水，施药后2～3 d回水，保持浅水层5～7 d。水层勿淹没水稻心叶。

（9）吡嘧磺隆+氰氟草酯　水稻直播田可用含量分别为2%+8%的制剂（有效成分）120～150 g/hm² 茎叶喷雾施用，适宜施药期在水稻2叶1心至3叶1心期。水稻移栽田可用含量分别为3%+12%的制剂（有效成分）135～180 g/hm²，于移栽后5～7 d、杂草2～4叶期，茎叶喷雾施用。施药前排水至稻田土壤处于水分饱和状态或1 cm左右的水层，杂草茎叶至少2/3以上露出水面后喷药，施药后1 d上水至3～5 cm水层，并保水5～7 d。水层不能淹没秧苗心叶，如田间漏水应及时补灌。

（10）吡嘧磺隆+氰氟草酯+二氯喹啉酸　可用含量分别为1%+9%+10%的制剂（有效成分）180～300 g/hm²，水稻直播田，于水稻出苗后，杂草2～4叶期，兑水450～600 kg/hm² 茎叶喷雾施用。施药前排干田水，施药后2 d内复水，保持3～5 cm水层5～7 d。水层勿淹没水稻心叶，以免发生药害。大风天或预计1 h内降雨勿施药。

（11）吡嘧磺隆+五氟磺草胺+氰氟草酯　可用含量分别为5%+3.5%+12.5%的制剂（有效成分）63～94.5 g/hm²，或用含量分别为3%+3%+18%的制剂（有效成分）108～144 g/hm²，在水稻直播田茎叶喷雾施用，适宜施药时期为直播稻田杂草2～4叶期。施药前排水，使杂草茎叶2/3以上露出水面，施药后1～3 d内上水，保持3～5 cm水层5～7 d，注意水层勿淹没水稻心叶，大风天或预计1 h内降雨勿施药。不可与碱性的农药等物质混用。对鱼、藻类毒性较高，水产养殖区、河塘等水体附近禁用，鱼、虾、蟹套养稻田禁用。

（12）吡嘧磺隆+氰氟草酯+双草醚　可用含量分别为2%+15%+5%的制剂（有效成分）120～150 g/hm²，在水稻直播田茎叶喷雾施用。于直播水稻4～5叶期、杂草2～3叶期施药。避免高温下施药，大风天或预计 1 h 内降雨勿施药。赤眼蜂等天敌放飞区禁用，鱼、虾、蟹套养稻田禁用。

（13）吡嘧磺隆＋氰氟草酯＋嘧啶肟草醚　可用含量分别为 2%＋15%＋3%的制剂（有效成分）120～150 g/hm^2，在水稻直播田茎叶喷雾施用。于直播水稻 4～5 叶期、杂草 2～3 叶期施药。鱼、虾、蟹套养稻田禁用。

（14）氰氟草酯＋双草醚　可用含量分别为 15%＋5%的制剂（有效成分）75～105 g/hm^2，或用含量分别为 20%＋5%的制剂（有效成分）93.75～112.5 g/hm^2，或用含量分别为 21%＋7%的制剂（有效成分）84～105 g/hm^2，在水稻直播田茎叶喷雾施用。于水稻 3～4 叶期、杂草 3～5 叶期施药，施药后如遇暴雨需及时排水。施药前稻田要预先排水，使杂草茎叶 2/3 以上露出水面。喷雾后 1～2 d，田间回水 3～5 cm，以不淹没水稻心叶为准，以后正常管理。

（15）氰氟草酯＋嘧啶肟草醚　可用含量分别为 7%＋2%的制剂（有效成分）108～162 g/hm^2，在水稻直播田茎叶喷雾施用。须在田间禾本科杂草齐苗后（禾本科杂草 3～5 叶期），兑水 450～675 kg/hm^2 均匀喷雾，尽量避免过早或过晚施药。施药前稻田排水使杂草全部露出水面，药后 1 d 复水，保持水层 3～5 d。施药后 6 h 内遇雨需补施。

（16）氰氟草酯＋嘧啶肟草醚＋灭草松　可用含量分别为 6.5%＋1.5%＋20%的制剂（有效成分）336～504 g/hm^2，在水稻直播田茎叶喷雾施用。

（17）氰氟草酯＋精噁唑禾草灵　可用含量分别为 12%＋3%的制剂（有效成分）90～135 g/hm^2，于水稻移栽田秧苗 5～6 叶期之后，茎叶喷雾施用。或用含量分别为 5%＋5%的制剂（有效成分）60～90 g/hm^2 于长江流域直播稻田秧苗 5～6 叶期之后，茎叶喷雾施用。水稻秧苗 4 叶期前施用会产生药害。推荐用水量为 300～450 kg/hm^2。仅用于茎叶喷雾处理，毒土无效。施药前排水，使杂草茎叶 2/3 以上露出水面，施药后 1～3 d 内灌水。在壮秧田

施用，弱苗、小苗勿用。

（18）氰氟草酯+噁唑酰草胺 可用含量分别为5%+5%的制剂（有效成分）150～225 g/hm²，在水稻直播田茎叶喷雾施用防治禾本科杂草。水稻2叶1心后，禾本科杂草2～4叶期，排干田间水，兑水450 kg/hm²茎叶喷雾施药，用药后1～2 d灌水，保持水层3～5 cm，保水5～7 d。注意水层勿淹没水稻心叶，避免药害。

（19）氰氟草酯+二氯喹啉酸 水稻直播田可用含量分别为4%+21%的制剂（有效成分）225～375 g/hm²，或用含量分别为7%+10%的制剂（有效成分）225～382.5 g/hm²，或用含量分别为8%+32%的制剂（有效成分）180～300 g/hm²，于水稻2～3叶期、稗草1.5～3叶期或千金子2～3叶期，兑水450～675 kg/hm²茎叶喷雾。水稻秧田可用含量分别为9%+51%的制剂（有效成分）225～315 g/hm²，或用含量分别为6%+34%的制剂（有效成分）240～360 g/hm²，于水稻3叶期后，禾本科杂草2～3叶期茎叶喷雾施药。用药前排水至浅水或泥土湿润状态喷雾，施药后2～3 d灌水入田，保持浅水层5～7 d，水层切勿淹过水稻心叶。畦面要求平整，药后如果下雨应及时排水。

（20）氰氟草酯+氯氟吡氧乙酸异辛酯 可用含量分别为20%+6%的制剂（有效成分）117～156 g/hm²，于水稻直播田茎叶喷雾施用，主要防治禾本科杂草和阔叶杂草，如千金子、稗草、马唐、牛筋草、狗尾草、双穗雀稗、空心莲子草。水稻3～5叶期，杂草2～4叶期施药效果最佳。

（21）氰氟草酯+氯氟吡啶酯 可用含量分别为10.9%+2.1%的制剂（有效成分）117～156 g/hm²，在水稻直播田茎叶喷雾施用。水稻直播田应于秧苗4.5叶即1个分蘖可见、稗草不超过2个分蘖时施药。茎叶喷雾用水量225～450 kg/hm²，施药时可以有浅水层，须确保杂草茎叶2/3以上露出水面，施药后1～3 d内灌水，保持浅水层5～7 d，水层勿淹没水稻心叶。施药量按稗草密度和叶龄确定，稗草密度大、草龄大，使用上限用药量。预计2 h内有降雨请勿施药。

三十六、噁唑酰草胺　Metamifop

芳氧苯氧基丙酸酯类内吸传导型除草剂，乙酰辅酶A羧化酶（ACCase）抑制剂。商品名：韩秋好。韩国化工技术研究院研发，2010年引入中国。

【防治对象】禾本科杂草，能防除直播稻田稗草、千金子、马唐、牛筋草、稻李氏禾等，特别是对马唐、牛筋草表现突出。生产中有种植户反映对千金子防效略欠佳。

【特点】用药后几天内敏感杂草叶面退绿，生长停止，2周后干枯，甚至死亡。该药剂被禾本科杂草叶子吸收后能迅速传导至整个植株，积累在植物分生组织，导致脂肪酸合成受阻引起叶片黄化，最终枯死。

【使用方法】禾本科杂草3～5叶期，茎叶喷雾处理，用量（有效成分）为105～120 g/hm^2，兑水450～675 kg/hm^2 均匀喷雾。随着草龄、密度增大，适当增加用药量。施药前排干田水，施药后1 d复水，保持水层3～5 d。避免药液漂移到邻近的禾本科作物田，安全间隔期90 d。生产中有种植户反映噁唑酰草胺和五氟磺草胺混用降低对马唐的防除效果，不如单用；有种植户反映噁唑酰草胺在粳稻田须在水稻3叶1心后，籼稻田须在水稻4叶1心后使用较为安全；低温或水稻叶龄过小时使用会产生严重药害。

【注意事项】必须在禾本科杂草齐苗后施药，在稗草、千金子2～6叶期均可使用，以3～5叶期为最佳。尽量避免过早或过晚施药，鱼、虾、蟹套养稻田禁用，赤眼蜂等天敌放飞区禁用。

【复配】

（1）氰氟草酯+噁唑酰草胺　可用含量分别为5%+5%的制剂（有效成分）150～225 g/hm^2，在水稻直播田茎叶喷雾施用。水稻2叶1心后，禾本科杂草2～4叶期，排干田间水，兑水450 kg/hm^2 茎叶喷雾施药。用药后1～2 d灌3～5 cm水层，保水5～7 d，注意水层勿淹没水稻心叶，避免药害。

（2）五氟磺草胺+噁唑酰草胺　可用含量分别为2%+10%的制剂（有效成分）108～144 g/hm²，或用含量分别为1.5%+9.5%的制剂（有效成分）165 g/hm²，在直播田稗草、千金子2～6叶期（以3～5叶期为最佳），兑水300～450 kg/hm²茎叶喷雾施用。施药前排干田水，使杂草茎叶2/3以上露出水面，施药后1～3 d内复水，保持水层3～5 d，注意水层不能淹没水稻心叶。赤眼蜂等天敌放飞区域禁用，鱼、虾、蟹套养稻田禁用，施药后的田水不得直接排入水体。

（3）噁唑酰草胺+灭草松　可用含量分别为3.3%+16.7%的制剂（有效成分）630～720 g/hm²，于水稻直播田茎叶喷雾施用。适宜施药时期为水稻2叶1心后，杂草2～3叶期，随着杂草草龄、密度增大，须增加用药量。施药前排干田水，使杂草充分露出水面，药后1～2 d灌水，水深以不淹没水稻心叶为宜，保持水层5～7 d。施药后6 h内遇雨需补施。对鱼类等水生生物有毒，鱼、虾、蟹套养稻田禁用，施药后的田水不得直接排入水体，水产养殖区、河塘等水体附近禁用，赤眼蜂等天敌放飞区禁用。

三十七、精噁唑禾草灵　Fenoxaprop-P-methyl

芳氧苯氧基丙酸酯类内吸传导型除草剂，乙酰辅酶A羧化酶（ACCase）抑制剂。于1998年由德国拜耳公司研发，登记在春小麦和冬小麦上防除禾本科杂草，商品名：骠马。

【防治对象】大龄稗草、千金子、马唐、乱草、双穗雀稗等禾本科杂草。

【特点】水稻5叶期后施用对稻田大龄千金子和马唐防除效果较好，对稗草有兼治作用，施用不当会引起严重药害。

【使用方法】施用时间要控制在水稻苗龄5叶1心期后，用量（有效成分）为22.5～37.5 g/hm²，用水量450～750 kg/hm²。施药前排干田水，用药1 d后复水保持3～5 cm浅水层5～7 d，水层不要淹到水稻心叶。均匀喷雾，重喷、漏喷、不均匀喷雾或用水量不足会引起部分区域浓度过高，植株矮化，叶片发黄，严重时心叶枯黄，整株枯死。

【注意事项】无土壤除草活性，宜采用配有雾化好的扇形细雾滴喷头施药；与2,4-滴、2甲4氯混用会有一定拮抗作用而导致药效下降；不推荐用于抛秧及盐碱地水稻田；喷药后水稻叶片可能出现部分黄斑或白点，1周可以恢复，对产量无影响。鱼、虾、蟹套养稻田禁用，施药后田水不得直接排入水体。

【复配】

（1）氰氟草酯＋精噁唑禾草灵　可用含量分别为12%＋3%的制剂（有效成分）90～135 g/hm^2，在水稻移栽田秧苗5～6叶期之后，茎叶喷雾施用。或可用含量分别为5%＋5%的制剂（有效成分）60～90 g/hm^2 于长江流域直播稻田秧苗5～6叶期之后，茎叶喷雾施用。水稻秧苗4叶期前施用会有药害；推荐用水量为300～450 kg/hm^2；仅用于茎叶喷雾处理，毒土无效。施药前排水，使杂草茎叶2/3以上露出水面，施药后1～3 d内灌水。在壮秧田施用，弱苗、小苗田勿用。

（2）精噁唑禾草灵＋五氟磺草胺　可用含量分别为4%＋6%的制剂（有效成分）22.5～37.5 g/hm^2，在直播田于水稻5叶期之后，兑水300～450 kg/hm^2 茎叶喷雾施用。施药前排水，使杂草茎叶2/3以上露出水面，施药后1～3 d内灌水，保持3～5 cm水层5～7 d。

三十八、五氟磺草胺　Penoxsulam

三唑并嘧啶磺酰胺类内吸传导型除草剂，乙酰乳酸合酶（ALS）抑制剂。陶氏益农研发。

【防治对象】对稗草有特效，对扁秆藨草、雨久花、牛毛毡的防效在各地反应不一致；对陌上菜、丁香蓼防效一般；对千金子、水竹叶、马唐、乱草防效不佳。

【特点】经茎叶、幼芽及根系吸收，通过木质部和韧皮部传导至分生组织，抑制植株生长，使生长点失绿，处理后7～14 d 顶芽变红、坏死，2～4 周植株死亡。对水稻安全，持效期长达 60 d。可用于土壤封闭和茎叶杀草，可药土法施用，也可用于喷雾施药；可用于水稻直播田、移栽田、抛秧田和秧田。为目前稻田除草剂中杀草谱最广的品种。

【使用方法】水稻本田，茎叶喷雾施用剂量（有效成分）为 18～32.4 g/hm²，于稗草 2～3 叶期施药，药土法撒施剂量（有效成分）为 28.8～45 g/hm²。水稻秧田，茎叶喷雾施用，剂量（有效成分）为 12.5～17.5 g/hm²，于稗草 1.5～2.5 叶期施药。茎叶喷雾用水量 300～450 kg/hm²，施药前排水，使杂草茎叶 2/3 以上露出水面，施药后 1~3 d 灌水，保持 3～5 cm 水层 5～7 d。

【注意事项】药效呈现较慢，需一定时间杂草才逐渐死亡。

【复配】

（1）氰氟草酯＋五氟磺草胺　可用含量分别为 5％＋1％的制剂，通过茎叶喷雾施用。水稻移栽田用量（有效成分）为 90～148.5 g/hm²，直播稻田用量（有效成分）为 90～120 g/hm²，水稻秧田用量（有效成分）为 90～103.5 g/hm²。水稻秧田应于稗草 1.5～2.5 叶期施用；直播稻田和移栽稻田应于稗草 2～3 叶期施用。施药前排水，使杂草茎叶 2/3 以上露出水面，兑水 300～450 kg/hm² 施药，施药后 1～3 d 内灌水，保持 3～5 cm 水层 5～7 d。施药时及施药后 1～2 d 内水层不能淹没水稻心叶。该复配剂配方组合较多，例如还有含量分别为 15％＋3％的制剂，推荐用量（有效成分）为 108～162 g/hm²，以及含量分别为 10％＋2％的制剂，推荐用量（有效成分）为 90～99 g/hm²，于直播稻田茎叶喷雾施用。

（2）苄嘧磺隆＋五氟磺草胺＋氰氟草酯　可用含量分别为 5％＋3.5％＋12.5％的制剂（有效成分）94.5～157.5 g/hm²，在直播稻田，于杂草 2～3 叶期，兑水 300～450 kg/hm² 茎叶喷雾施药。施药前排水，施药后 1～3 d 灌水并保持 3～5 cm 水层 5～7 d。

（3）丙草胺＋五氟磺草胺＋氰氟草酯　可用含量分别为 20％＋

1%+7%的制剂（有效成分）336～504 g/hm²，直播稻田于杂草2～3叶期，兑水300～450 kg/hm²茎叶喷细雾施药。施药前排水使杂草茎叶2/3以上露出水面，施药后1～3 d灌水，保持3～5 cm水层5～7 d。

（4）双草醚+五氟磺草胺　可用含量分别为2%+2%的制剂（有效成分）36～60 g/hm²，或用含量分别为4%+2%的制剂（有效成分）45～58.5 g/hm²，或用含量分别为5%+3%的制剂（有效成分）48～60 g/hm²，或用含量分别为6%+4%的制剂（有效成分）30～45 g/hm²，水稻直播田于水稻3叶1心后、杂草3～5叶期，兑水450～600 kg/hm²茎叶喷雾。施药前排水使杂草茎叶2/3以上露出水面，施药后1～3 d内灌水，保持3～5 cm水层5～7 d，注意水层勿淹没水稻心叶避免药害。对藻类毒性高，远离水产养殖区、河塘等水体施药，禁止在河塘等水体中清洗施药器具。蜜源植物花期禁用，勿在蚕室和桑园附近施用，勿加大施用剂量，鱼、虾、蟹套养稻田禁用。

（5）双草醚+五氟磺草胺+氰氟草酯　可用含量分别为2%+1.5%+10.5%的制剂（有效成分）115.5～157.5 g/hm²，直播稻田于杂草3～5叶期，田间杂草基本出齐后茎叶喷细雾施药。施药前排水使杂草茎叶2/3以上露出水面，施药1 d后灌水，保持3～5 cm水层5～7 d，注意水层勿淹没水稻心叶。大风天或预计1 h内有降雨勿施用。对鱼、藻高毒，水产养殖区、蚕室及桑园附近禁用，赤眼蜂等天敌放飞区域禁用。

（6）双草醚+二氯喹啉酸+五氟磺草胺　可用含量分别为3%+22%+2%的制剂（有效成分）243～324 g/hm²，在直播田，于水稻5叶期、禾本科杂草2～3叶期，兑水450～600 kg/hm²茎叶喷雾施用。施药前保持田间湿润（田间若有水要排水），施药后2 d内上水并保持3～5 cm水层5～7 d，注意水层勿淹没水稻心叶。对蜜蜂、家蚕和鱼类等水生生物有毒，开花植物花期、蚕室、桑园附近禁用，赤眼蜂等天敌放飞区禁用。远离水产养殖区施药，鱼、虾、蟹等套养稻田禁用。

(7) 嘧啶肟草醚+五氟磺草胺+氰氟草酯 可用含量分别为3%+2%+8%的制剂（有效成分）117～175.5 g/hm²，水稻移栽田于杂草3～5叶期，田间杂草基本出齐后茎叶喷细雾施用。

(8) 嘧啶肟草醚+五氟磺草胺 可用含量分别为3%+3%的制剂（有效成分）45～72 g/hm²，在水稻直播田，杂草3～5叶期茎叶喷雾施用。

(9) 唑草酮+五氟磺草胺+氰氟草酯 可用含量分别为1%+2.5%+12.5%的制剂（有效成分）96～144 g/hm²，于水稻直播田杂草2～4叶期茎叶喷雾用药。施药时及施药后1～2 d田间水层不能淹没水稻心叶。赤眼蜂等天敌放飞区域禁用，鱼、虾、蟹套养稻田禁用，施药后的田水不得直接排入水体。

(10) 氯氟吡氧乙酸异辛酯+五氟磺草胺+氰氟草酯 可用含量分别为10%+2.5%+15.5%的制剂（有效成分）168～210 g/hm²，直播田于水稻3～4叶期、杂草2～4叶期茎叶喷雾用药，施药时及施药后1～2 d内水层不能淹没水稻心叶。鱼、虾、蟹套养稻田禁用，施药后的田水不得直接排入水体。赤眼蜂等天敌放飞区域禁用。

(11) 吡嘧磺隆+五氟磺草胺+氰氟草酯 可用含量分别为5%+3.5%+12.5%的制剂（有效成分）63～94.5 g/hm²，或用含量分别为3%+3%+18%的制剂（有效成分）108～144 g/hm²，水稻直播田茎叶喷雾施用，适宜施药时期为直播稻田杂草2～4叶期。施药前排水，使杂草茎叶2/3以上露出水面，施药后1～3 d上水，保持3～5 cm水层5～7 d，注意水层勿淹没水稻心叶，大风天或预计1 h内降雨勿施药。不可与呈碱性的农药等物质混用；对鱼、藻类毒性较高，水产养殖区、河塘等水体附近禁用；鱼、虾、蟹套养稻田禁用。

(12) 吡嘧磺隆+五氟磺草胺+二氯喹啉酸 可用含量分别为2%+2%+22%的制剂（有效成分）234～390 g/hm²，直播田于水稻直播出苗后、杂草2～4叶期，兑水450～600 kg/hm²，茎叶喷雾施用。施药前排干田水，施药后2 d内复水，保持3～5 cm水层5～7 d。大风天或预计1 h内降雨勿施药。对蜜蜂、家蚕和鱼类等水生生物有毒，开花植物花期、蚕室、桑园附近禁用，远离水产养殖区、河塘等水体施药，赤眼蜂等天敌放飞区禁用，鱼、虾、蟹套养稻田禁用，施药后的田水不得直接排入水体。

（13）吡嘧磺隆＋五氟磺草胺　可用含量分别为2%＋2%的制剂（有效成分）30～48 g/hm²，或用含量分别为4%＋6%的制剂（有效成分）30～45 g/hm²，在水稻直播田茎叶喷雾施用。也可用含量分别为5%＋8%的制剂（有效成分）35.1～42.9 g/hm²，在水稻移栽田茎叶喷雾施用。用药期应为稗草2～3叶期。施药前稻田排水，使杂草茎叶2/3以上露出水面，兑水300～450 kg/hm²茎叶喷雾。施药后1～3 d内灌水，保持3～5 cm水层5～7 d。水层勿淹没水稻心叶，避免药害。对蜜蜂、家蚕、鸟类和鱼等水生生物有毒，避免药剂进入水体造成对水生生物的毒害。鸟类保护区禁用，蚕室及桑园附近禁用，鱼、虾、蟹套养稻田禁用，赤眼蜂等天敌放飞区禁用。

（14）五氟磺草胺＋噁唑酰草胺　可用含量分别为2%＋10%的制剂（有效成分）108～144 g/hm²，或用含量分别为1.5%＋9.5%的制剂（有效成分）165 g/hm²，在直播田稗草、千金子2～6叶期（以3～5叶期为最佳），兑水300～450 km/hm²茎叶喷雾。施药前排干田水，使杂草茎叶2/3以上露出水面，施药后1～3 d内复水，保持水层3～5 d。施药时及施药后1～2 d内水层不能淹没水稻心叶。赤眼蜂等天敌放飞区域禁用，鱼、虾、蟹套养稻田禁用，施药后的田水不得直接排入水体。

（15）精噁唑禾草灵＋五氟磺草胺　可用含量分别为4%＋6%的制剂（有效成分）22.5～37.5 g/hm²，直播田于水稻5叶期之后，兑水300～450 kg/hm²茎叶喷雾施用。施药前排水，使杂草茎叶2/3以上露出水面，施药后1～3 d内灌水，保持3～5 cm水层5～7 d。

（16）五氟磺草胺＋氯氟吡氧乙酸异辛酯　可用含量分别为3%＋26%的制剂（有效成分）78.8～157.5 g/hm²，水稻直播田，于水稻3叶后、杂草出齐茎叶喷雾施用。移栽田，可用含量分别为6%＋18%的制剂（有效成分）108～144 g/hm²，或用含量分别为

2%＋14%的制剂（有效成分）96～168 g/hm²，于水稻移栽后杂草2～5 叶期兑水茎叶喷雾施用。对藻类有毒，施药时注意对藻类生物的影响；应远离水产养殖区，鱼、虾、蟹套养稻田禁用，施药后的田水不得直接排入水体，赤眼蜂等天敌放飞区域禁用。

（17）五氟磺草胺＋氯氟吡啶酯　可用含量分别为 1.9%＋1.1%的制剂（有效成分）45～67.5 g/hm²，在水稻直播田或移栽田，兑水 225～450 kg/hm²，茎叶喷雾施用。水稻直播田应于秧苗4.5 叶期（1 个分蘖可见）、稗草不超过 2 个分蘖时施药。施药时可以有浅水层，但须确保杂草茎叶 2/3 以上露出水面，施药后 1～3 d 内灌水，保持浅水层 5～7 d，水层勿淹没水稻心叶。施药量按稗草密度和叶龄确定，稗草密度大、草龄大，使用上限用药量。预计2 h 内有降雨请勿施药。

（18）丙草胺＋五氟磺草胺　可用含量分别为 30%＋1%的制剂（有效成分）465～604.5 g/hm²，于水稻移栽田药土法撒施。水稻移栽后 5～10 d 返青时，于稗草 1.5～2.5 叶期施药，施药时保持 3～5 cm 水层，并保水 5～7 d。施药前后 1 周如遇最低温度低于15 ℃天气，或者施药后 5 d 内有 5 ℃以上大幅降温，存在药害风险。不宜在缺水田、漏水田及盐碱田施用。缓苗期、秧苗长势弱的田块施用有药害风险，鱼、虾、蟹套养稻田禁用。

（19）丁草胺＋五氟磺草胺　水稻移栽田可用含量分别为4.84%＋0.16%的颗粒剂（有效成分）744～967.5 g/hm² 直接撒施，或采用含量分别为 39%＋1%的悬乳剂（有效成分）431～800 g/hm² 药土法撒施。水稻移栽后 5～7 d，杂草萌发高峰至 2 叶期前施用，施药时及施药后田间保持 3～5 cm 水层 5～7 d，注意水层不要淹没水稻心叶。

（20）五氟磺草胺＋二氯喹啉酸　可用含量分别为 3%＋22%的制剂（有效成分）187.5～262.5 g/hm²，或用含量分别为 2.5%＋22.5%的制剂（有效成分）150～300 g/hm²，或用含量分别为3%＋21%的制剂（有效成分）162～216 g/hm²，直播田于水稻 3 叶期后、杂草 2～4 叶期，兑水 450～600 kg/hm²，茎叶喷雾用药。

用药前将田水排干至土壤湿润状态，用药后 1～2 d 灌水，灌水时不要淹没水稻心叶，保持 2～3 cm 水层 5～7 d。水稻 2.5 叶期前或孕穗期时勿用。施过药的田块，下茬不能种植茄科、伞形花科、菊科、锦葵科等敏感作物。赤眼蜂等天敌放飞区禁用，远离水产养殖区、河塘等水体施药，鱼、虾、蟹套养稻田禁用，施药后的田水不得排入水体。

（21）*吡嘧磺隆＋五氟磺草胺＋丙草胺*　水稻直播田，可用含量分别为 2%＋2%＋32%的制剂（有效成分）324～540 g/hm²，茎叶喷雾施用。水稻移栽田，可用含量分别为 0.75%＋1.5%＋27.75%的制剂（有效成分）360～450 g/hm²，茎叶喷雾施用。适宜施药时期为杂草 2～4 叶期。不含安全剂的丙草胺制剂不能用于水直播稻田和秧田，以及高渗漏稻田播后苗前施用。

（22）*五氟磺草胺＋硝磺草酮*　可用含量分别为 6%＋12%的制剂（有效成分）54～94.5 g/hm²，在水稻移栽田通过药土法撒施。于水稻移栽前，稻田整平后灌 4～5 cm 水层，将药剂与适量土壤混合均匀撒施。施药后水稻移栽前排水移栽水稻秧苗，移栽后再灌水 2～3 cm，保水 7～10 d，避免淹没稻苗心叶。

（23）*五氟磺草胺＋灭草松*　可用含量分别为 0.7%＋25.3%的制剂（有效成分）97.5～117 g/hm²，在水稻移栽田茎叶喷雾施用。

（24）*五氟磺草胺＋丙炔噁草酮*　可用含量分别为 5%＋10%的制剂（有效成分）67.5～90 g/hm²，在移栽田于水稻移栽后 5～7 d、杂草 2～3 叶期，药土法撒施，施药后保持 2～3 cm 的水层 5 d。大风天或预计 6 h 内降雨请勿施药；充分缓苗后用药，水层勿淹没水稻心叶；不能与苄嘧磺隆混用。对鱼等水生生物有毒，远离水产养殖区、河塘等水体施药；鱼、虾、蟹套养稻田禁用，施药后的田水不得直接排入水体。

三十九、双草醚　Bispyribac-sodium

嘧啶水杨酸类［又名：嘧啶基（硫代）苯甲酸酯类］内吸传导

型除草剂，乙酰乳酸合酶（ALS）抑制剂。日本组合化学株式会社研发。

【防治对象】对稗草和双穗雀稗有特效，对稻李氏禾、马唐、匍茎剪股颖、看麦娘、东北甜茅、狼杷草、异型莎草、水虱草、碎米莎草、萤蔺、日本藨草、扁秆藨草、鸭舌草、雨久花、野慈姑、泽泻、眼子菜、谷精草、牛毛毡、节节菜、陌上菜、水竹叶、空心莲子草、花蔺、丁香蓼等稻田杂草有效，对水莎草防效较差，对千金子基本无效。有农户反映双草醚对乱草防效不佳。

【特点】施药后能很快被杂草的茎叶吸收，并传导至整个植株，抑制植物细胞内支链氨基酸生物合成，从而杀死杂草。高效、广谱、用量低，对大龄稗草、双穗雀稗、扁秆藨草、空心莲子草有特效。

【使用方法】直播稻田，于水稻 4～6 叶期、稗草 3～7 叶期，用量为（有效成分）15～30 g/hm^2，兑水 375～675 kg/hm^2 均匀喷雾。水稻移栽田或抛秧田，应在移栽或抛秧后 15 d 秧苗返青后施药，用量为（有效成分）36～54 g/hm^2，兑水 375～450 kg/hm^2 均匀喷雾。施药前须排干田水，使杂草全部露出且保持田间湿润；施药后 1～2 d 及时复水，保持 4～5 cm 水层 5 d。

【注意事项】双草醚活性极高，对水稻使用适期为 4～6 叶期，4 叶前使用，苗小、苗弱容易产生药害。对不同水稻品种的安全性存在差异，顺序是：籼稻＞杂交稻＞粳稻＞糯稻。籼稻、粳稻 3 叶 1 心期前使用都会有褪绿现象，籼稻田须在 4 叶期后使用，粳稻田须在 5 叶期以后使用。在田间苗弱、气温骤变、施用量偏高等情况下，施用双草醚后 3 d 会出现水稻秧苗褪绿现象，一般在施药 7～10 d 后即可返青。粳稻田使用时，双草醚的使用量不宜超过（有效成分）30 g/hm^2。勿用弥雾机喷药，防止药液浓度过高造成秧苗药害。气温低于 15 ℃时，防效表现不稳定，且可能发生水稻药害。南方地区，尤其是在长江中下游稻区，早稻田用药时期气温变化较大，不建议使用；若在 5 月使用时，气温低于 20 ℃使用易产生药害。贮存应避免高温。高温下施用虽有利于药效发挥，也可能会缩短药剂持效期，气温高于 35 ℃施用容易导致水稻药害。在旱直播田的安全性要好于水直播田和机插秧田，要注意田间水层深度，不要淹没心叶，以免产生药害。

【复配】

(1) 苄嘧磺隆＋双草醚　可用含量分别为 12%＋18%的制剂（有效成分）45～67.5 g/hm²，在水稻直播田通过茎叶喷雾施用。水稻 4～5 叶期、杂草 3～4 叶期施用效果最佳。施药前田间排水并保持湿润，施药后 1～2 d 再上水并保持 3～5 cm 水层 7 d，注意水层不淹没水稻心叶。糯稻田禁用。粳稻田施用后叶片有褪绿发黄现象，在南方地区 4～7 d 内可恢复，在北方 7～10 d 内可恢复，气温越高，恢复越快，不影响产量。施用后，若发现水稻略有发黄、蹲苗现象，宜用肥料催苗，不影响产量。气温低于 15 ℃时，施用效果较差，异常高温天气（气温高于 35 ℃）建议不要施用。

(2) 吡嘧磺隆＋双草醚　可用含量分别为 10%＋20%的制剂（有效成分）45～90 g/hm²，或用含量分别为 5%＋20%的制剂（有效成分）30～45 g/hm²，在水稻直播田茎叶喷雾施用。适宜施药期于水稻 3.5 叶期后，避免在水稻秧苗 2.5 叶期前施用，水稻孕穗扬花期不能用药。苗弱、苗小田块不施用，施用后降雨会降低药效，但喷药 6 h 后降雨不影响药效。气温低于 18 ℃时不宜用药。远离水产养殖区、河塘等水体用药，鱼、虾、蟹套养稻田禁用。

(3) 吡嘧磺隆＋双草醚＋二氯喹啉酸　可用含量分别为 5%＋5%＋50%的制剂（有效成分）270～360 g/hm²，在直播田水稻4～5 叶期、杂草 2～3 叶期，茎叶喷雾施用。施药前排干田水，保持田间湿润，施药后 1～2 d 回水并保持 3～5 cm 水层 5～7 d，注意水层不能淹没水稻心叶。大风天或预计 1 h 内降雨勿施药。对蜜蜂、家蚕和鱼类等水生生物有毒，远离水产养殖区施药，赤眼蜂等天敌放飞区禁用，鱼、虾、蟹套养稻田禁用。

(4) 双草醚＋五氟磺草胺＋氰氟草酯　可用含量分别为 2%＋1.5%＋10.5%的制剂（有效成分）115.5～157.5 g/hm²，在直播

稻田于杂草3～5叶期，田间杂草基本出齐后茎叶喷细雾施药，施药前排水使杂草茎叶2/3以上露出水面，施药1 d后灌水，保持3～5 cm水层5～7 d，注意水层不淹没水稻心叶。大风天或预计1 h内有降雨勿施用。对鱼、藻高毒，水产养殖区、蚕室及桑园附近禁用，赤眼蜂等天敌放飞区域禁用。

（5）吡嘧磺隆＋氰氟草酯＋双草醚　可用含量分别为2%＋15%＋5%的制剂（有效成分）120～150 g/hm²，在水稻直播田茎叶喷雾施用，于直播水稻4～5叶期、杂草2～3叶期施药。避免高温下施药，大风天或预计1 h内降雨勿施药；赤眼蜂等天敌放飞区禁用，鱼、虾、蟹套养稻田禁用。

（6）氰氟草酯＋双草醚　可用含量分别为15%＋5%的制剂（有效成分）75～105 g/hm²，或用含量分别为20%＋5%的制剂（有效成分）93.75～112.5 g/hm²，或用含量分别为21%＋7%的制剂（有效成分）84～105 g/hm² 在水稻直播田茎叶喷雾施用。于水稻3～4叶期、杂草3～5叶期施药，施药后如遇暴雨需及时排水。施药前稻田要预先排水，使杂草茎叶2/3以上露出水面；喷雾后1～2 d内灌上3～5 cm水层（以不淹没水稻心叶为准），以后正常管理。

（7）双草醚＋五氟磺草胺　可用含量分别为2%＋2%的制剂（有效成分）36～60 g/hm²，或用含量分别为4%＋2%的制剂（有效成分）45～58.5 g/hm²，或用含量分别为5%＋3%的制剂（有效成分）48～60 g/hm²，或用含量分别为6%＋4%的制剂（有效成分）30～45 g/hm²，水稻直播田，于水稻3叶1心后，杂草3～5叶期茎叶喷雾施用，兑水450～600 kg/hm² 茎叶喷雾。施药前排水使杂草茎叶2/3以上露出水面，施药后1～3 d内灌水，保持3～5 cm水层5～7 d，注意水层勿淹没水稻心叶，避免药害。对藻类毒性高，远离水产养殖区、河塘等水体施药，禁止在河塘等水体中清洗施药器具。蜜源植物花期禁用，勿在蚕室和桑园附近施用，勿加大施用剂量，鱼、虾、蟹套养稻田禁用。

（8）双草醚＋二氯喹啉酸　可用含量分别为3%＋25%的制剂

（有效成分）247.5～330 g/hm^2，或用含量分别为 2%＋23%的制剂（有效成分）225～375 g/hm^2，或用含量分别为 5%＋30%的制剂（有效成分）105～210 g/hm^2，在直播田水稻播后 15 d 左右，水稻 3 叶 1 心至 5 叶 1 心期，兑水 600～750 kg/hm^2 茎叶喷雾施用。施药前保持田间湿润（田间若有水要排水），施药后 1～2 d 内上水并保持 3～5 cm 水层 7 d，注意水层勿淹没水稻心叶。抛秧田，于禾本科杂草 5 叶期前茎叶喷雾施用。粳稻田用药后叶片有退绿发黄现象，在南方地区 4～7 d 恢复，在北方地区 7～10 d 恢复，气温越高，恢复越快，不影响产量。气温低于 15 ℃建议不要施用。远离水产养殖区施药，鱼、虾、蟹等套养稻田禁用。

（9）双草醚＋二氯喹啉酸＋五氟磺草胺　可用含量分别为 3%＋22%＋2%的制剂（有效成分）243～324 g/hm^2，直播田，于水稻 5 叶期、禾本科杂草 2～3 叶期，兑水 450～600 kg/hm^2 茎叶喷雾。施药前保持田间湿润（田间若有水要排水），施药后 2 d 内上水并保持 3～5 cm 水层 5～7 d，注意水层勿淹没水稻心叶。对蜜蜂、家蚕和鱼类等水生生物有毒，开花植物花期、蚕室、桑园附近禁用，赤眼蜂等天敌放飞区禁用；远离水产养殖区施药，鱼、虾、蟹等套养稻田禁用。

（10）唑草酮＋双草醚　可用含量分别为 5%＋20%的制剂（有效成分）37.5～56.3 g/hm^2，在移栽田，水稻移栽返青后，杂草 3～4 叶期，兑水 450～600 kg/hm^2 茎叶喷雾。用药前将田水排干至土壤湿润状态，用药后 24 h 灌水，保持 3～5 cm 水层 5～7 d。远离水产养殖区、河塘等水体施药，鱼、虾、蟹套养稻田禁用，施过药的田水不得直接排入水体。

（11）灭草松＋双草醚　可用含量分别为 38.5%＋2.5%的制剂（有效成分）800～861 g/hm^2，或用含量分别为 20%＋3%的制剂（有效成分）207～310.5 g/hm^2，在水稻直播田杂草 1.5～3 叶期，兑水 450～600 kg/hm^2 茎叶喷雾。施药前排干田水，施药后隔 1～2 d 复水，保持 3～5 cm 水层 3～5 d。粳稻、糯稻有的品种对双草醚敏感，经试验证明安全后再施用。对鱼类等水生生物有毒，

鱼、虾、蟹套养稻田禁用，水产养殖区、河塘等水体附近禁用。对家蚕、蜜蜂有毒，施药期间应避开花期，蚕室和桑园附近禁用。远离天敌放飞区和鸟类保护区。

四十、嘧啶肟草醚 Pyribenzoxim

嘧啶水杨酸类［又称嘧啶基（硫代）苯甲酸酯类］内吸传导型除草剂，乙酰乳酸合酶（ALS）抑制剂。韩国LG生命科学有限公司研发。

【防治对象】稗草、马唐、狗尾草、狗牙根、合萌、反枝苋、鸭舌草、眼子菜、四叶菜、泽泻、牛毛毡、日本藨草、异型莎草、水莎草等，对稗草活性尤佳。生产中发现嘧啶肟草醚对千金子防效差。

【特点】适用于水稻直播田、移栽田和抛秧田，用药后3～5 d杂草叶片开始出现黄化现象，杂草彻底死亡需5～10 d。对籼稻安全性较好，对粳稻安全性有品种差异。与2甲4氯、吡嘧磺隆、氯吡嘧磺隆复配有拮抗作用，高温条件下对水稻药害较明显。

【使用方法】稻田稗草3.5～4.5叶期施药，用量（有效成分）：南方地区30～37.5 g/hm^2，北方地区37.5～45 g/hm^2，施药前排水，使杂草露出水面再喷雾，喷液量450～600 kg/hm^2。选风小、晴天、气温较高时施药，施药后1～2 d再灌水入田，保持5～7 cm水层7 d，注意水层勿淹没水稻心叶。

【注意事项】在低温条件下施药过量，水稻会出现叶黄、生长受抑制现象，可恢复正常生长，一般不影响产量。嘧啶肟草醚必须喷到杂草叶片上才能发挥药效，药土法施用无效。使用后3～5 d有时水稻会出现叶片黄化现象，此后4～5 d长出绿色新叶，水稻恢复正常生长，不影响水稻产量。不能与敌稗、灭草松及含有这两种药剂的复配制剂混用，混用降低药效；不能与吡嘧磺隆、苄嘧磺隆混用，应间隔7 d以上使用，以免产生药害。用药后3 h以上降雨不会影响药效。

【复配】

（1）嘧啶肟草醚＋丙草胺　可用含量分别为1.9%＋28.7%的制剂在杂草出苗后茎叶喷雾施用，东北地区移栽稻田用量（有效成分）为384～480 g/hm^2，其他地区移栽稻田用量（有效成分）为288～384 g/hm^2；直播稻田用量（有效成分）为288～384 g/hm^2。稗草2～3叶期施药最佳。直播田稻谷催芽后播种，播后7～12 d，水稻2叶1心期施用；移栽稻田移栽后7～15 d施药。喷雾兑水量300～450 kg/hm^2，施药前排水，施药后1～3 d灌水并保持3～5 cm水层5～7 d。避免在极端气候如异常干旱、低温、高温、强降雨前等条件下施药，避免在地块不平整条件下施药，否则可能影响药效或导致药害。对蜜蜂、鱼类等水生生物、家蚕低毒，施药期间应避免对周围蜂群的影响，禁止在开花植物花期、蚕室和桑园附近使用；远离水产养殖区、河塘等水域施药，鱼、虾、蟹套养稻田禁用；施药后的药水禁止直接排入水体或浇灌蔬菜等；赤眼蜂等天敌放飞区域禁用。不含安全剂的丙草胺制剂不能用于水直播稻田和秧田，以及高渗漏稻田播后苗前使用。

（2）吡嘧磺隆＋二氯喹啉酸＋嘧啶肟草醚　可用含量分别为2%＋20%＋3%的制剂（有效成分）225～375 g/hm^2，在直播田水稻4～5叶期、杂草2～3叶期茎叶喷雾施药。鱼、虾、蟹套养稻田禁用。

（3）嘧啶肟草醚＋五氟磺草胺　可用含量分别为3%＋3%的制剂（有效成分）45～72 g/hm^2，在水稻直播田，杂草3～5叶期茎叶喷雾施用。

（4）嘧啶肟草醚＋五氟磺草胺＋氰氟草酯　可用含量分别为3%＋2%＋8%的制剂（有效成分）117～175.5 g/hm^2，水稻移栽田，于杂草3～5叶期，田间杂草基本出齐后茎叶喷细雾施用。

（5）吡嘧磺隆＋氰氟草酯＋嘧啶肟草醚　可用含量分别为2%＋15%＋3%的制剂（有效成分）120～150 g/hm^2，在水稻直播田茎叶喷雾施药。于直播水稻4～5叶期、杂草2～3叶期施药。鱼、虾、蟹套养稻田禁用。

(6) 氰氟草酯+嘧啶肟草醚 可用含量分别为7%+2%的制剂(有效成分)108～162 g/hm^2,在水稻直播田茎叶喷雾施用。须在田间禾本科杂草齐苗后(禾本科杂草3～5叶期),兑水450～675 kg/hm^2 均匀喷雾,尽量避免过早或过晚施药。施药前稻田排水,使杂草全部露出水面,药后1 d复水,保持水层3～5 d。施药后6 h内遇雨需补施。

(7) 氰氟草酯+嘧啶肟草醚+灭草松 可用含量分别为6.5%+1.5%+20%的制剂(有效成分)336～504 g/hm^2,在水稻直播田茎叶喷雾施用。

四十一、嘧草醚 Pyriminobac-methyl

嘧啶水杨酸类[又名:嘧啶基(硫代)苯甲酸酯类]内吸传导型除草剂,乙酰乳酸合酶(ALS)抑制剂。日本组合化学1993年研发。

【防治对象】主要用于防除稗草,对低龄千金子也有防效。

【特点】内吸传导性强,具备茎叶处理兼土壤封闭活性,可以通过杂草茎、叶、根吸收,抑制ALS活性,阻碍支链氨基酸的生物合成,导致杂草死亡。该除草剂对水稻具有突出的安全性,移栽和直播稻田均可使用。在有水层的条件下,持效期可长达40～60 d。东北地区水直播稻田常用嘧草醚作为播后苗前封闭除草剂,带根带芽的种子播后用药仍然安全,但基本上只对稗属杂草有效。

【使用方法】水稻移栽田稗草3叶期前,采用(有效成分)30～45 g/hm^2 药土法撒施,施药时田间应保水3～5 cm,施药后保水5～7 d。直播稻田水稻3～5叶期、稗草2～4叶期茎叶喷雾施药,施药前排水,使杂草茎叶2/3以上露出水面,施药后1～3 d内复水,保持3～5 cm水层5～7 d,注意水层勿淹没水稻心叶,避免药害。直播稻田也可以采用(有效成分)30～45 g/hm^2 药土法撒施。

【注意事项】鱼、虾、蟹套养稻田禁用。对蜜蜂、鱼类等水生生物、家蚕有毒，施药期间应避免对周围蜂群的影响，禁止在开花植物花期、蚕室和桑园附近使用。赤眼蜂等天敌放飞区域禁用。

【复配】

（1）苄嘧磺隆＋嘧草醚　可用含量分别为 20%＋20%的制剂（有效成分）60～72 g/hm²，水稻移栽田于移栽后 3～7 d，药土法撒施，施药后保水 5～7 d，注意水层勿淹没水稻心叶。远离水产养殖区、河塘等水体施药。鱼、虾、蟹套养稻田禁用，施药后的田水不得直接排入水体。赤眼蜂等天敌放飞区域禁用。

（2）吡嘧磺隆＋嘧草醚　可用含量分别为 10%＋15%的制剂（有效成分）56～75 g/hm²，直播田于水稻分蘖期、杂草 3 叶期前拌细土或细沙 375 kg/hm²，药土法撒施，撒施时田间应有 5～7 cm 水层，施药后保水 5～7 d，注意水层勿淹没水稻心叶。鱼、虾、蟹套养稻田禁用。

（3）吡嘧磺隆＋丙草胺＋嘧草醚　可用含量分别为 2%＋30%＋3%的制剂（有效成分）315～525 g/hm²，直播田于水稻直播后、杂草 3 叶期茎叶喷雾施用。不含安全剂的丙草胺制剂不能用于水直播稻田和秧田，以及高渗漏稻田播后苗前施用。

四十二、环酯草醚　Pyriftalid

嘧啶水杨酸类［又名：嘧啶基（硫代）苯甲酸酯类］内吸传导型除草剂，乙酰乳酸合酶（ALS）抑制剂。先正达公司 2015 年在我国首先取得登记。

【防治对象】对 3 叶期之前的稗草有特效，对低龄千金子、马唐、狗尾草、牛筋草等禾本科杂草防效突出，对繁缕、丁香蓼、碎米莎草、牛毛毡、节节菜、鸭舌草等阔叶杂草和莎草有一定的防效，对鳢肠、雨久花、扁秆藨草、狼杷草、眼子菜、矮慈姑、乱草防效不佳。

【特点】根部吸收为主，药剂被吸收后迅速传导到植株其他部位。施药后几天见效，10～21 d 内死亡。

【使用方法】水稻移栽田，水稻移栽后5～7 d，于杂草2～3叶期（稗草2叶期前，以稗草叶龄为主）茎叶喷雾施用，剂量（有效成分）为187.5～300 g/hm^2，施药前1 d排干田水，兑水225～450 kg/hm^{2}均匀喷雾，施药后1～2 d复水3～5 cm并保持5～7 d。

【注意事项】仅限用于南方移栽稻田，用药宜早。

四十三、氟吡磺隆 Flucetosulfuron

磺酰脲类乙酰乳酸合酶（ALS）抑制剂，内吸传导型除草剂。韩国LG生命科学公司研发，2011年在我国获得原药和制剂登记。商品名：韩乐盛。

【防治对象】稻田多种阔叶杂草、禾本科杂草和莎草，如稗属杂草、泽泻、节节菜、陌上菜、雨久花、鳢肠、丁香蓼、鸭舌草、沼生马齿苋、母草、轮藻属、浮萍、小茨藻、异型莎草、水莎草、扁秆藨草、日本藨草、牛毛毡、萤蔺、水虱草等。对稗草有特效，对野慈姑防效一般，对千金子几乎无效。

【特点】可用于土壤或茎叶处理。

【使用方法】水稻直播田用量（有效成分）为20～30 g/hm^2，在杂草2～5叶期兑水喷雾处理。施药前排干田间积水，药后1～2 d复水，并保水3～5 d。水稻移栽田采用药土法撒施，杂草出苗前施用剂量（有效成分）为20～30 g/hm^2，杂草2～4叶期施用剂量（有效成分）为30～40 g/hm^2。药土法处理，混土450～750 kg/hm^{2}撒施；喷雾法处理，兑水450～750 kg/hm^{2}喷雾。

【注意事项】施药时避免雾滴飘移至邻近作物田块，以防药害。

四十四、丙嗪嘧磺隆 Propyrisulfuron

磺酰脲类乙酰乳酸合酶（ALS）抑制剂，内吸传导型除草剂。2008年获得日本登记，2015年在中国登记。

【防治对象】稗草、多种莎草和阔叶杂草。对千金子基本无效。

【特点】选择性广谱除草剂，具有残效作用。

【使用方法】水稻直播田或移栽田，于稗草2～3叶期茎叶喷雾施用，剂量（有效成分）为50～78 g/hm²。施药前不需要排水，如田间水少施药后24 h内需补水，用药后需保持3～5 cm水层至少4 d。

【注意事项】不可与强酸、强碱或强氧化剂混用，鱼、虾、蟹套养稻田禁用，施药后的田水不得直接排入水体。

四十五、嗪吡嘧磺隆 Metazosulfuron

磺酰脲类乙酰乳酸合酶（ALS）抑制剂，内吸传导型除草剂。日产化学株式会社研发。

【防治对象】马唐、稗草等稻田一年生禾本科杂草，以及多种阔叶杂草和莎草，如鸭舌草、野荸荠、节节菜、异型莎草等。对千金子防效差。

【特点】高效，但对水稻安全性稍差。

【使用方法】于水稻移栽后稗草2～3叶期，用有效成分74.3～99 g/hm²，通过药土法撒施。用药后不要排水，保持3～5 cm田水5～7 d，注意保水层勿淹没水稻心叶。

【注意事项】对于插秧太浅或浮苗（根露出）的稻田要慎重使用，避免药害；沙质土或漏水田有产生药害的可能，尽量避免使用；对席草、莲藕、芹菜、荸荠有生长抑制效果，相连田块有此作物时要注意。

四十六、敌稗 Propanil

酰胺类触杀型除草剂，光合作用光合体系ⅡA位点抑制剂。由日本公司1958年研发，美国罗姆-哈斯公司开发，我国于1963年开始中试生产。

【防治对象】可用于防除稗草、千金子、马唐、狗尾草等禾本科杂草，对鸭舌草、水蓼等阔叶杂草也有效。对乱草防效差。

【特点】 敌稗是一种具有高度选择性的触杀型芽后除草剂，仅作茎叶处理使用。可用于水稻秧田、直播田、移栽田和抛秧田。在植物体内几乎不输导，只是在药剂接触部位起作用。

【使用方法】 推荐剂量（有效成分）3 000～4 500 g/hm^2，兑水450～600 kg/hm^2，排干水后均匀喷雾。在秧田和直播田用药适期为稗草1叶1心至2叶1心期，喷药前1 d排水落干，喷药后24 h灌水淹没杂草心叶，保水2 d。

【注意事项】 由于有机磷酸酯类和氨基甲酸酯类药剂能抑制水稻体内酰胺水解酶的活性，因此水稻在喷施敌稗前后10 d内不能施用此类农药。与2,4-滴丁酯混用，会引起水稻药害。应避免敌稗与液体肥料一起使用。气温高时除草效果好，可适当降低用药量。杂草叶面潮湿会降低除草效果，要待露水干后再施用，避免雨前施药。施药时气温不要超过30 ℃。盐碱较重的秧田，由于晒田引起泛盐，也会伤害水稻，可在保浅水或秧根湿润情况下施药，以免产生药害。易燃、易挥发，贮存中会出现结晶，使用时略加热，等结晶溶解后再稀释使用。

【复配】

（1）丁草胺＋敌稗　可用含量分别为35%＋35%的制剂（有效成分）1 743～1 890 g/hm^2，秧苗3叶1心期茎叶喷雾施药。水稻移栽后5～7 d、水稻抛秧后7～10 d用药，水稻直播后秧苗2叶1心期用药（南方地区播后8～11 d），杂草萌发初期，稗草2叶期前用药。药前田间保持3～4 cm水层，药后保水5～7 d，如缺水可缓慢补水，不能排水，水层淹过水稻心叶、漂秧易产生药害。稗草超过3叶期药效下降。丁草胺对鱼毒性大，不能用于养鱼稻田，用药后的田水也不能排入鱼塘。不能与有机磷酸酯类和氨基甲酸酯类药剂、2,4-滴丁酯混用。盐碱较重的秧田，由于晒田引起泛盐，也会伤害水稻，可在保浅水或秧根湿润情况下施药，施药后不等泛碱，及时灌水淹稗和洗碱，以免产生药害。

（2）异噁草松＋敌稗　可用含量分别为12%＋27%的制剂（有效成分）585～877.5 g/hm^2，在直播田水稻3～4叶期、杂草3

叶期之前茎叶喷雾施药。对蜜蜂、鱼类等水生生物、家蚕有毒，施药期间应避免对周围蜂群的影响，远离水产养殖区、河塘等水域施药。鱼、虾、蟹套养稻田禁用，赤眼蜂等天敌放飞区域禁用。施药的当年至次年春季，不宜种大麦、小麦、燕麦、谷子等，施药后的次年春季可种植大豆、玉米、棉花、花生。

四十七、二氯喹啉酸　Quinclorac

喹啉羧酸类内吸传导型除草剂，激素类除草剂。1990 年开始在我国稻田使用。

【防治对象】能杀死 1～7 叶期的稗草，对 4～7 叶期的大龄稗草防效突出。对节节菜、异型莎草也有较好防效，对田菁、决明、雨久花、鸭舌草、水芹、马唐等有一定的防效，对鳢肠、牛毛毡、千金子、乱草、鸭舌草、瓜皮草等防效差。

【特点】二氯喹啉酸是稻田专用杀稗剂，主要通过稗草根吸收，也能被幼芽和叶吸收，并在稗草体内传导。中毒症状与生长素物质的作用症状相似，具有激素型除草剂的特点，在水稻苗前和苗后均可使用。对 2 叶期以后的水稻安全。生产中与氰氟草酯混用可以加快氰氟草酯的药效发挥。

【使用方法】在稗草 2～3 叶期，排干田水，剂量（有效成分）为 187.5～225 g/hm^2，茎叶喷雾施用；稗草 4～6 叶期，剂量（有效成分）为 225～375 g/hm^2，茎叶喷雾施用。兑水量为 450～675 kg/hm^2，施药后隔天上 2～3 cm 水层并保水 5～7 d。也可以采用毒土、毒肥法撒施，撒施时要求田间有 3～5 cm 水层，撒施后保水 4～5 d。

【注意事项】稗草最好在 4 叶期之前进行茎叶处理。高温干旱时用药易产生药害，推荐傍晚时用药。避免在水稻播种早期胚根或根系暴露在外时施用，水稻 2.5 叶期前勿用。不宜与杀虫剂、杀菌剂和植物生长调节剂混用。在土壤中有积累作用，可能对后茬产生残留累积药害，所以下茬最好种植玉米、高粱等耐药作物。用药后

8 个月内应避免种植棉花、大豆等敏感作物。施用过二氯喹啉酸的田，种植甜菜、茄子、烟草、番茄、胡萝卜、辣椒等需间隔 2 年。

【复配】

（1）二氯喹啉酸＋苄嘧磺隆　可用含量分别为 32%＋4%的制剂，在水稻移栽田、抛秧田使用，于水稻秧苗移栽、抛秧后 7 d 左右，用有效成分 216～270 g/hm²，茎叶喷雾防治多种杂草，如稗草、鸭舌草、矮慈姑。也可用于水稻直播田，在秧苗 3～4 叶期、稗草 3～4 叶期茎叶喷雾施药，施用剂量（有效成分）为 216～324 g/hm²。施药时排干田水，保持土壤湿润，药后 1～2 d 灌水，保持 3～5 cm 水层 5～7 d。气温低于 15 ℃或高于 35 ℃、弱苗田块不宜施用。在地膜覆盖旱育秧田、制种田慎用。

（2）苄嘧磺隆＋二氯喹啉酸＋苯噻酰草胺　可用含量分别为 4.5%＋5.5%＋78%的制剂（有效成分）396～528 g/hm²，在直播稻田，于水稻 3～4 叶期、杂草 2～4 叶期茎叶喷雾施用。施药前放干田水，药后 2 d 回水，保持 3～5 cm 水层 5～7 d 后正常管理。大风天或预计 6 h 内降雨勿施药。

（3）乙草胺＋苄嘧磺隆＋二氯喹啉酸　可用含量为 15.4%＋2.8%＋1%的制剂（有效成分）86.4～115.2 g/hm²，在水稻移栽田，于早稻移栽后 5～7 d，晚稻移栽后 3～5 d，药土法撒施防治多种杂草，如稗草、鸭舌草、四叶萍、瓜皮草、陌上菜、莎草、异型莎草、牛毛毡等。

（4）吡嘧磺隆＋二氯喹啉酸　可用含量分别为 3%＋47%的制剂（有效成分）337.5～450 g/hm²，在水稻直播田茎叶喷雾施用。适宜施药期为水稻 2～3 叶期、稗草 1.5～3 叶期。用药前排水至浅水或泥土湿润状态喷雾，施药 1～2 d 后上水，保持 2～5 cm 水层 5～7 d，注意水层勿淹没水稻心叶。药后如果降雨应迅速排干畦面积水。养鱼稻田禁用。下列情况下水稻秧苗对本药剂敏感，不宜施用：水稻浸种后播种；播后稻种露芽；水稻秧苗处于 2 叶期之前；水稻孕穗之后。施用过或准备施用多效唑的秧田不能施用该除草剂。

(5) 吡嘧磺隆＋丙草胺＋二氯喹啉酸　可用含量分别为0.3%＋3.5%＋2.2%的制剂（有效成分）360～540 g/hm²，在水稻移栽田或抛秧田药土法撒施。水稻抛秧或机插秧后7～10 d，水稻活棵后均匀撒施。施药前稻田须灌水3～5 cm，施药后要保水5～7 d。药后田间缺水田要缓灌补水，切忌断水干田或淹没水稻心叶。用药后8个月内应避免种植棉花、大豆等敏感作物，下茬不能种植茄科、伞形科、豆科、锦葵科、葫芦科、菊科、旋花科等敏感作物。鱼、虾、蟹套养稻田禁用。

(6) 吡嘧磺隆＋五氟磺草胺＋二氯喹啉酸　可用含量分别为2%＋2%＋22%的制剂（有效成分）234～390 g/hm²，在直播田于水稻直播出苗后、杂草2～4叶期，兑水450～600 kg/hm²，茎叶喷雾施用。施药前排干田水，施药后2 d内复水，保持3～5 cm水层5～7 d。大风天或预计1 h内降雨勿施药。对蜜蜂、家蚕和鱼类等水生生物有毒，开花植物花期、蚕室、桑园附近禁用，远离水产养殖区、河塘等水体施药，赤眼蜂等天敌放飞区禁用，鱼、虾、蟹套养稻田禁用，施药后的田水不得直接排入水体。

(7) 吡嘧磺隆＋二氯喹啉酸＋嘧啶肟草醚　可用含量分别为2%＋20%＋3%的制剂（有效成分）225～375 g/hm²，在直播田于水稻4～5叶期、杂草2～3叶期茎叶喷雾。鱼、虾、蟹套养稻田禁用。

(8) 吡嘧磺隆＋双草醚＋二氯喹啉酸　可用含量分别为5%＋5%＋50%的制剂（有效成分）270～360 g/hm²，直播田于水稻4～5叶期、杂草2～3叶期，茎叶喷雾施用。施药前排干田水，保持田间湿润，施药后1～2 d回水并保持3～5 cm水层5～7 d，水层不能淹没水稻心叶。大风天或预计1 h内降雨勿施药。对蜜蜂、家蚕和鱼类等水生生物有毒，远离水产养殖区施药，赤眼蜂等天敌放飞区禁用，鱼、虾、蟹套养稻田禁用。

(9) 吡嘧磺隆＋唑草酮＋二氯喹啉酸　可用含量分别为4%＋2%＋50%的制剂（有效成分）252～420 g/hm²，在水稻移栽田，于水稻移栽返青后至分蘖末期、杂草2～4叶期，兑水450 kg/hm²

以上茎叶喷雾施用。施药前 1 d 将田水排干，施药后 1～2 d 灌水入田，并保持 3～5 cm 水层 5～7 d，水层勿淹没水稻心叶。唑草酮见光后能充分发挥药效，阴天不利其药效发挥。若局部用药量过大，水稻叶片在 2～3 d 内可能出现小红斑，但药后 7～10 d 可恢复正常生长。养鱼稻田禁用。

（10）氰氟草酯＋二氯喹啉酸　水稻直播田可用含量分别为 4%＋21%的制剂（有效成分）225～375 g/hm^2，或用含量分别为 7%＋10%的制剂（有效成分）225～382.5 g/hm^2，或用含量分别为 8%＋32%的制剂（有效成分）180～300 g/hm^2，于直播水稻 2～3 叶期、稗草 1.5～3 叶期或千金子 2～3 叶期，兑水 450～675 kg/hm^2 茎叶喷雾。水稻秧田，可用含量分别为 9%＋51%的制剂（有效成分）225～315 g/hm^2，或用含量分别为 6%＋34%的制剂（有效成分）240～360 g/hm^2，于秧田水稻 3 叶期后、禾本科杂草 2～3 叶期茎叶喷雾施用。用药前排水至浅水或泥土湿润状态喷雾，施药后 2～3 d 灌水入田，保持浅水层 5～7 d，注意水层切勿淹过水稻心叶。畦面要求平整，药后如果下雨应及时排水。

（11）吡嘧磺隆＋氰氟草酯＋二氯喹啉酸　可用含量分别为 1%＋9%＋10%的制剂（有效成分）180～300 g/hm^2，水稻直播田，于水稻出苗后、杂草 2～4 叶期，兑水 450～600 kg/hm^2 茎叶喷雾。施药前排干田水，施药后 2 d 内复水，保持 3～5 cm 水层 5～7 d。水层勿淹没水稻心叶，以免发生药害。大风天或预计 1 h 内降雨勿施药。

（12）五氟磺草胺＋二氯喹啉酸　可用含量分别为 3%＋22%的制剂（有效成分）187.5～262.5 g/hm^2，或用含量分别为 2.5%＋22.5%的制剂（有效成分）150～300 g/hm^2，或用含量分别为 3%＋21%的制剂（有效成分）162～216 g/hm^2，直播田于水稻 3 叶期后、杂草 2～4 叶期，兑水 450～600 kg/hm^2 茎叶喷雾。用药前将田水排干至土壤湿润状态，用药后 1～2 d 灌水，灌水时不要淹没水稻心叶，保持 2～3 cm 水层 5～7 d。水稻 2.5 叶期前或孕穗期勿用。施过药的田块，下茬不能种植茄科、伞形花科、菊科、锦葵科等敏感作物。赤眼蜂等天敌放飞区禁用，远离水产养殖区、河塘等水体施药，鱼、虾、蟹套养稻田禁用，施药后的田水不得直接排入水体。

（13）双草醚＋二氯喹啉酸　可用含量分别为3%＋25%的制剂（有效成分）247.5～330 g/hm²，直播田于水稻播后15 d左右，水稻3叶1心至5叶1心期，兑水600～750 kg/hm²茎叶喷雾。施药前保持田间湿润（田间若有水要排水），施药后1～2 d内上水并保持3～5 cm水层7 d，注意水层勿淹没水稻心叶。粳稻田用药后叶片有退绿发黄现象，在南方地区4～7 d恢复，在北方地区7～10 d可恢复，气温越高，恢复越快，不影响产量。气温低于15 ℃建议不要施用。远离水产养殖区施药，鱼、虾、蟹等套养稻田禁用。

（14）双草醚＋二氯喹啉酸＋五氟磺草胺　可用含量分别为3%＋22%＋2%的制剂（有效成分）243～324 g/hm²，直播田，于水稻5叶期、禾本科杂草2～3叶期，兑水450～600 kg/hm²茎叶喷雾。施药前保持田间湿润（田间若有水要排水），施药后2 d内上水并保持3～5 cm水层5～7 d，注意水层勿淹没水稻心叶。对蜜蜂、家蚕和鱼类等水生生物有毒，开花植物花期、蚕室、桑园附近禁用，赤眼蜂等天敌放飞区禁用。远离水产养殖区施药，鱼、虾、蟹套养稻田禁用。

四十八、氯氟吡啶酯　Florpyrauxifen-benzyl

芳香基吡啶甲酸类内吸传导型除草剂，激素型除草剂。陶氏益农公司研发，2016年在中国登记。商品名：灵斯科。

【防治对象】茎叶喷雾可以有效防除稻田中的稗草、阔叶杂草和一年生莎草，包括水竹叶、水苋、陌上菜、鸭舌草、异型莎草；有效抑制千金子，对丁香蓼、李氏禾、马唐、水虱草防效不佳。

【特点】杀草谱广，活性高。

【使用方法】水稻直播田和移栽田，用量（有效成分）为15～30 g/hm²，禾本科杂草3～5叶期，茎叶喷雾处理。水稻直播田，

应于秧苗 4.5 叶期，即 1 个分蘖可见时、稗草不超过 3 个分蘖时施药；移栽田，应于秧苗充分返青后 1 个分蘖可见时，同时稗草不超过 3 个分蘖时施药。茎叶喷雾时，用水量 225～450 kg/hm^2，施药时可以有浅水层，需确保杂草茎叶 2/3 以上露出水面，施药后 1～3 d 内灌水，保持浅水层 5～7 d，注意水层勿淹没水稻心叶。预计 2 h 内有降雨勿施药。

【注意事项】某些情况下如不利天气、水稻不同品种对其敏感，施药后水稻可能出现暂时性生长受到抑制或叶片畸形等症状，通常会逐步恢复正常生长，不影响产量。不宜在缺水田、漏水田及盐碱田施用，不推荐在秧田、制种田施用，缓苗期、秧苗长势弱存在药害风险，不推荐施用；不能和敌稗、马拉硫磷等药剂混用，施用后 7 d 内不能再施马拉硫磷，与其他药剂和肥料混用需先进行测试确认。每季最多施用 2 次，两次施药需间隔 10 d 以上。最后一次施药至收获间隔期 60 d 以上。避免飘移到邻近敏感阔叶作物如棉花、大豆、葡萄、烟草、蔬菜、桑树、观赏植物及其他非靶标阔叶植物。

【复配】

（1）氰氟草酯＋氯氟吡啶酯　可用含量分别为 10.9%＋2.1% 的制剂（有效成分）117～156 g/hm^2，在水稻直播田茎叶喷雾施用。在水稻直播田应于秧苗 4.5 叶期，即 1 个分蘖可见、稗草不超过 2 个分蘖时施药。茎叶喷雾用水量 225～450 kg/hm^2，施药时可以有浅水层，需确保杂草茎叶 2/3 以上露出水面，施药后 1～3 d 内灌水，保持浅水层 5～7 d，注意水层勿淹没水稻心叶。施药量按稗草密度和叶龄确定，稗草密度大、草龄大，施用上限用药量。预计 2 h 内有降雨请勿施药。

（2）五氟磺草胺＋氯氟吡啶酯　可用含量分别为 1.9%＋1.1%的制剂（有效成分）45～67.5 g/hm^2，在水稻直播田或移栽田，兑水 225～450 kg/hm^2 茎叶喷雾施用。水稻直播田，应于秧苗 4.5 叶期（1 个分蘖可见）、稗草不超过 2 个分蘖时施药。施药时可以有浅水层，需确保杂草茎叶 2/3 以上露出水面，施药后 1～3 d

内灌水，保持浅水层 5～7 d，注意水层勿淹没水稻心叶。施药量按稗草密度和叶龄确定，稗草密度大、草龄大，施用上限用药量。预计 2 h 内有降雨请勿施药。

四十九、2 甲 4 氯（MCPA）

苯氧羧酸类内吸传导型除草剂，激素类除草剂。1946 年研发。作物田使用的 2 甲 4 氯除草剂包括 2 甲 4 氯钠、2 甲 4 氯异辛酯和 2 甲 4 氯二甲胺盐等，其中乳油制剂常用 2 甲 4 氯异辛酯，水剂则为 2 甲 4 氯钠或 2 甲 4 氯二甲胺盐，含量低的水剂常为 2 甲 4 氯钠（钠盐的单剂含量一般不超过 13%），含量高的水剂常为 2 甲 4 氯二甲胺盐。稻田使用的以 2 甲 4 氯钠为主。

【防治对象】适用于稻田防除鸭舌草、节节菜、泽泻、野慈姑、三棱草、空心莲子草等阔叶杂草和莎草。

【特点】具有较强的内吸传导性，主要用于苗后茎叶处理，能穿过角质层和细胞膜，最后传导到各部位，在不同部位对核酸和蛋白质的合成产生不同影响。在植物顶端抑制核酸代谢和蛋白质的合成，使生长点停止生长，幼嫩叶片不能伸展，抑制光合作用的正常进行；传导到植株下部的药剂，使植物茎部组织的核酸和蛋白质的合成增加，促进细胞异常分裂，根尖膨大，丧失吸收能力，造成茎秆扭曲、畸形，筛管堵塞，韧皮部破坏，有机物运输受阻，从而破坏植物正常的生活能力，最终导致植物死亡。国内登记使用的作物包括水稻、小麦、玉米、高粱。

【使用方法】禾本科植物幼苗期很敏感，3～4 叶期后耐药性逐渐增强，分蘖末期最强，到幼穗分化敏感性又上升，因此最佳施药期在水稻分蘖末期。水稻分蘖末期可用（有效成分）450～900 g/hm^2，兑水 450～675 kg/hm^2 喷雾施药。一般在用药前 1 d 傍晚排干田水，喷药后 1 d 灌水；如晴天用药，药后 12 h 内下大雨应重喷。移栽稻田，一般在移栽后 10～15 d，稻苗 4 叶期至分蘖末期，莎草科杂草 10～20 cm，鸭舌草等不超过 4 叶期以前施药。用药时杂草要

露出水面，田间湿润或有薄水层，但不能淹没水稻心叶，用药后保水5～7 d。

【注意事项】 2甲4氯钠飘移物对双子叶作物威胁极大，应尽量避开双子叶地块，应在无风天气施药。

【复配】

（1）2甲4氯钠＋灭草松　该除草剂配方较多，可用含量分别为6%＋40%的制剂（有效成分）917.7～1 152.3 g/hm²，或用含量分别为6%＋42%的制剂（有效成分）864～1 008 g/hm²，或用含量分别为6.5%＋37.5%的制剂（有效成分）1 056～1 155 g/hm²，或用含量分别为20%＋55%的制剂（有效成分）900～1 350 g/hm²，在水稻移栽田或直播田，茎叶喷雾处理防除阔叶杂草和莎草，如扁秆藨草、异型莎草、碎米莎草、野慈姑、泽泻、鸭舌草、眼子菜、苣荬菜等。在直播田水稻4叶期后、移栽田水稻移栽后25～30 d，杂草2～5叶期施药，施药前1～2 d将稻田水排干，使杂草全部露出水面后茎叶喷雾，施药后48 h转入正常管理。避免在直播水稻4叶期前施用。

（2）异丙隆＋2甲4氯钠　可用含量分别为20%＋20%的制剂（有效成分）360～420 g/hm²，水稻移栽田，于水稻移栽后15 d左右，水稻秧苗活棵后，土壤喷雾防治阔叶杂草和莎草，如泽泻、野慈姑、眼子菜、异型莎草等，对未出苗的稗草也具有较好的防效。

（3）2甲4氯钠＋苄嘧磺隆　可用含量分别为15%＋3%的制剂（有效成分）270～405 g/hm²，水稻移栽田，于水稻分蘖期茎叶喷雾防治阔叶杂草及莎草科杂草。施药前排干田水，兑水约750 kg/hm²茎叶喷雾处理。施药后1～2 d田间灌水至3～5 cm，水层勿淹没水稻心叶，保水3～5 d。漏水田宜用高剂量。莎草科杂草高2～20 cm均可施用，5～10 cm高时施用为宜。

（4）吡嘧磺隆＋2甲4氯钠　可用含量分别为2%＋16%的制剂（有效成分）243～311 g/hm²，在直播田，于水稻分蘖期茎叶喷雾防治莎草及阔叶杂草。施药前排干田水，施药后1～3 d回水，保持水层 3～5 cm 5～7 d，严重漏水田不宜施用。

（5）吡嘧磺隆＋唑草酮＋2 甲 4 氯钠　可用含量分别为 14%＋7%＋42%的制剂（有效成分）113.4～170.1 g/hm²，在水稻移栽田施用防治阔叶杂草及莎草科杂草，如水苋菜、鸭舌草、丁香蓼、野慈姑、雨久花等。于水稻移栽返青后至分蘖末期，杂草 2～4 叶期，兑水 450 kg/hm² 以上茎叶喷雾。施药前 1 d 将田水排干，施药后 1～2 d 灌水入田，并保持 3～5 cm 水层 5～7 d，注意水层勿淹没水稻心叶。唑草酮见光后能充分发挥药效，阴天不利其药效发挥。若局部用药量过大，作物叶片在 2～3 d 内可能出现小红斑，但施药后 7～10 d 可恢复正常生长。养鱼稻田禁用。

（6）吡嘧磺隆＋氯氟吡氧乙酸异辛酯＋2 甲 4 氯钠　可用含量分别为 8%＋21%＋26%的制剂（有效成分）165～247.5 g/hm²，在水稻移栽田施用防治阔叶杂草及莎草科杂草。于水稻移栽返青后至分蘖末期，杂草 2～4 叶期，兑水 450 kg/hm² 以上茎叶喷雾。施药前将田水排干，施药后 1～2 d 灌水入田，并保持 3～5 cm 水层 5～7 d，注意水层勿淹没水稻心叶。

（7）2 甲 4 氯＋氯氟吡氧乙酸　可用含量分别为 36.5%（2 甲 4 氯异辛酯）＋6.5%（氯氟吡氧乙酸异辛酯）的制剂（有效成分）322.5～516 g/hm²，或用含量分别为 34.5%（2 甲 4 氯异辛酯）＋7.5%（氯氟吡氧乙酸异辛酯）的制剂（有效成分）310～630 g/hm²，或用含量分别为 25%（2 甲 4 氯钠）＋5%（氯氟吡氧乙酸）的制剂（有效成分）450～675 g/hm²，水稻移栽田，喷雾处理防治阔叶杂草，于水稻移栽后 5 叶期至拔节前，兑水 450～750 kg/hm² 茎叶喷雾处理防治阔叶杂草。施药前排干田水，药后 1～2 d 内灌浅水 3～5 cm，保水 5～7 d。糯稻品种施用可能会有明显药害。不要和碱性物质接触，以防降低药效。赤眼蜂等天敌放飞区禁用。

（8）2 甲 4 氯钠＋唑草酮　可用含量分别为 66.5%＋4%的制剂（有效成分）528.75～634.5 g/hm²，在水稻移栽田茎叶喷雾防治阔叶杂草和莎草，如野荸荠、扁秆藨草、异型莎草、日照飘拂草、鸭舌草、陌上菜、丁香蓼、矮慈姑、野慈姑、雨久花等。于水稻分蘖中、

后期（移栽后 30 d 左右），杂草 3～5 叶期兑水 450 kg/hm^2 以上施用。

五十、氯氟吡氧乙酸 Fluroxypyr

吡啶氧乙酸类内吸传导型除草剂，激素类除草剂。氯氟吡氧乙酸异辛酯（fluroxypyr-meptyl）转化成氯氟吡氧乙酸起除草作用，氯氟吡氧乙酸异辛酯效果要稍好于氯氟吡氧乙酸，因其更易被杂草叶子吸附。商品名：使它隆。美国陶氏益农公司研发。

【防治对象】 阔叶杂草如节节菜、水苋菜、鸭跖草、空心莲子草等。对禾本科和莎草科杂草无效。

【特点】 药后很快被植物吸收，使敏感植物出现典型的激素类除草剂的反应，植株畸形、扭曲、死亡。在土壤中半衰期较短，不会对下茬阔叶作物产生影响。适用于小麦、大麦、玉米等禾本科作物田防除各种阔叶杂草。

【使用方法】 稻田杂草 2～5 叶期茎叶喷雾，用量（有效成分）为 237～324 g/hm^2。防除非稻田生境中的水花生应于水花生（空心莲子草）4～13 cm 高时施药，每 7 d 施药 1 次，可连续用药 2～3 次。通常作复配剂使用。

【注意事项】 施药时应避免药液飘移到大豆、花生、甘薯、甘蓝等阔叶作物上，以防产生药害。对鱼类等水生生物有毒，鱼、虾、蟹套养稻田禁用。

【复配】

（1）吡嘧磺隆＋氯氟吡氧乙酸异辛酯＋2 甲 4 氯钠　可用含量分别为 8%＋21%＋26%的制剂（有效成分）165～247.5 g/hm^2，在水稻移栽田施用防除阔叶杂草及莎草科杂草。于水稻移栽返青后至分蘖末期，杂草 2～4 叶期，兑水 450 kg/hm^2 以上，茎叶喷雾施用。施药前将田水排干，施药后 1～2 d 灌水入田，并保持 3～5 cm 水层 5～7 d，注意水层勿淹没水稻心叶。

（2）氰氟草酯＋氯氟吡氧乙酸异辛酯＋异噁草松　可用含量分

别为 20%+6%+9%的制剂（有效成分）157.5～210 g/hm^2 在直播田水稻 3～5 叶期，兑水 375～450 kg/hm^2 茎叶喷雾，以杂草2～4 叶期施药最佳。施药前排干田水，施药后 2～3 d 回水，保持浅水层 5～7 d。注意水层勿淹没水稻心叶，避免药害。

（3）氯氟吡氧乙酸异辛酯+五氟磺草胺+氰氟草酯　可用含量分别为 10%+2.5%+15.5%的制剂（有效成分）168～210 g/hm^2，在直播田水稻 3～4 叶期、杂草 2～4 叶期茎叶喷雾。施药时及施药后 1～2 d 内水层不能淹没水稻心叶。鱼、虾、蟹套养稻田禁用，施药后的田水不得直接排入水体。赤眼蜂等天敌放飞区域禁用。

（4）氰氟草酯+氯氟吡氧乙酸异辛酯　可用含量分别为 20%+6%的制剂（有效成分）117～156 g/hm^2，在水稻直播田茎叶喷雾防治禾本科杂草和阔叶杂草，如千金子、稗草、马唐、牛筋草、狗尾草、双穗雀稗、空心莲子草。水稻 3～5 叶期、杂草 2～4 叶期施药最佳。

（5）五氟磺草胺+氯氟吡氧乙酸异辛酯　可用含量分别为 3%+26%的制剂（有效成分）78.8～157.5 g/hm^2，水稻直播田，于水稻 3 叶后，杂草出齐后茎叶喷雾施用。水稻移栽田，可用含量分别为 6%+18%的制剂（有效成分）108～144 g/hm^2，或用含量分别为 2%+14%的制剂（有效成分）96～168 g/hm^2，于水稻移栽后、杂草 2～5 叶期兑水茎叶喷雾。对藻类有毒，施药时注意对藻类生物的影响；应远离水产养殖区；鱼、虾、蟹套养稻田禁用，施药后的田水不得直接排入水体；赤眼蜂等天敌放飞区域禁用。

（6）2 甲 4 氯+氯氟吡氧乙酸　可用含量分别为 36.5%（2 甲 4 氯异辛酯）+6.5%（氯氟吡氧乙酸异辛酯）的制剂（有效成分）322.5～516 g/hm^2，或用含量分别为 34.5%（2 甲 4 氯异辛酯）+7.5%（氯氟吡氧乙酸异辛酯）的制剂（有效成分）310～630 g/hm^2，或用含量分别为 25%（2 甲 4 氯钠）+5%（氯氟吡氧乙酸）的制剂（有效成分）450～675 g/hm^2，在水稻移栽田，于水稻移栽后 5 叶期至拔节前，兑水 450～750 kg/hm^2 茎叶喷雾防治阔叶杂草，施药前排干田水，施药后 1～2 d 内灌浅水 3～5 cm，保水 5～7 d。糯稻

品种施用可能会有明显药害。不要和碱性物质接触，以防降低药效。赤眼蜂等天敌放飞区禁用。

(7) 氯氟吡氧乙酸异辛酯＋唑草酮 可用含量分别为 30%＋3%的制剂（有效成分）74～124 g/hm²，在水稻移栽田，于水稻移栽后 10～15 d 至拔节期以前（水稻 4～5 叶期，杂草 3～5 叶期）茎叶喷雾防治阔叶杂草及莎草科杂草。施药前排水，药后 1～2 d 灌 3～5 cm 水层，保水 5～7 d 以上。

五十一、灭草松 Bentazone

苯并噻二嗪酮类触杀兼内吸传导作用的茎叶除草剂，光系统Ⅱ B 位点抑制剂。又名：苯达松、排草丹、噻草平、百草克。1968 年由巴斯夫公司研发，1987 年在我国正式登记。

【防治对象】莎草科杂草和阔叶杂草，如水莎草、异型莎草、碎米莎草、扁秆藨草、萤蔺、牛毛毡、矮慈姑、野慈姑、泽泻、眼子菜、鸭舌草、雨久花、节节菜、丁香蓼、陌上菜、鸭跖草、马齿苋、水苋菜、鳢肠等。

【特点】对水稻和大豆高度安全。灭草松是触杀型具选择性的苗后除草剂，用于苗期茎叶处理，通过叶片接触而起作用。旱田使用，先通过叶面渗透传导到叶绿体内抑制光合作用；水田使用，既能通过叶面渗透又能通过根部吸收，传导到茎叶，可强烈抑制杂草光合作用和水分代谢而致死。适宜水稻、大豆、玉米、花生、小麦、菜豆、豌豆、洋葱、甘蔗等作物。主要用于防除莎草科和阔叶杂草，对禾本科杂草无效。

【使用方法】水稻移栽田、直播田、抛秧田均可使用。施药适期在直播田播后 30～40 d，用量（有效成分）为 950～1 440 g/hm²，加水 450 kg/hm² 茎叶喷雾。防除一年生阔叶杂草用低量，防除莎草科杂草用高量。施药前排水，使杂草全部露出水面，选高温、无风、晴天喷药，施药后 1～2 d 再灌水入田，恢复正常管理。秧田和直播田秧苗 4～5 叶期，杂草 3～5 叶期施用；移栽田移栽后20～

30 d，杂草 3～5 叶期施用。

【注意事项】灭草松对棉花、蔬菜、茶叶等阔叶作物较为敏感，施药时注意避开。应在杂草出齐、排水后喷雾，均匀喷在杂草茎叶上，2 d 后灌水。灭草松在高温晴天活性高，除草效果好，反之阴天和气温低时效果差。施药后 8 h 内应无雨。在极度干旱和水涝的田间不宜使用灭草松，以防发生药害。与氰氟草酯混用可能会有拮抗现象，导致药效下降。

【复配】

(1) 2 甲 4 氯＋灭草松　可用含量分别为 6%＋40%的制剂（有效成分）917.7～1 152.3 g/hm²，或用含量分别为 6%＋42%的制剂（有效成分）864～1 008 g/hm²，或用含量分别为 6.5%＋37.5%的制剂（有效成分）1 056～1 155 g/hm²，或用含量分别为 20%＋55%的制剂（有效成分）900～1 350 g/hm²，在水稻移栽田或直播田茎叶喷雾防除阔叶杂草和莎草，如扁秆藨草、异型莎草、碎米莎草、野慈姑、泽泻、鸭舌草、眼子菜、苣荬菜等。直播田于水稻 4 叶期后、移栽田于水稻移栽后 25～30 d，杂草 2～5 叶期施药，施药前 1～2 d 将稻田水排干，使杂草全部露出水面后茎叶喷雾，施药后 48 h 转入正常管理。避免在直播水稻 4 叶期前施用。

(2) 噁唑酰草胺＋灭草松　可用含量分别为 3.3%＋16.7%的制剂（有效成分）630～720 g/hm²，在水稻直播田茎叶喷雾施用。适宜施药时期为水稻 2 叶 1 心后，杂草 2～3 叶期，随着杂草草龄、密度增大，须增加用药量。施药前排干田水，使杂草充分露出水面，药后 1～2 d 灌水，水深以不淹没水稻心叶为宜，保持水层 5～7 d。施药后 6 h 内遇雨需补施。对鱼类等水生生物有毒，鱼、虾、蟹套养稻田禁用，施药后的田水不得直接排入水体，水产养殖区、河塘等水体附近禁用，赤眼蜂等天敌放飞区禁用。

(3) 氰氟草酯＋嘧啶肟草醚＋灭草松　可用含量分别为 6.5%＋1.5%＋20%的制剂（有效成分）336～504 g/hm²，在水稻直播田茎叶喷雾施用。

(4) 五氟磺草胺＋灭草松　可用含量分别为 0.7%＋25.3%的

制剂（有效成分）975～1 170 g/hm²，在水稻移栽田茎叶喷雾施用。

(5) 灭草松＋双草醚 可用含量分别为38.5%＋2.5%的制剂（有效成分）800～861 g/hm²，或用含量分别为20%＋3%的制剂（有效成分）207～310.5 g/hm²，在水稻直播田杂草1.5～3叶期兑水450～600 kg/hm² 茎叶喷雾施用。施药前排干田水，施药后隔1～2 d复水，保持3～5 cm水层3～5 d。粳稻、糯稻有的品种对双草醚敏感，试验证明安全后再施用。对鱼类等水生生物有毒，鱼、虾、蟹套养稻田禁用，水产养殖区、河塘等水体附近禁用。对家蚕、蜜蜂有毒，施药期间应避开花期施用，蚕室和桑园附近禁用。远离天敌放飞区和鸟类保护区。

(6) 唑草酮＋灭草松 可用含量分别为0.6%＋39.4%的制剂（有效成分）480～720 g/hm²，在水稻直播田茎叶喷雾防治阔叶杂草及莎草科杂草。施药时期为水稻2叶1心后、杂草2～3叶期。

(7) 二氯喹啉酸＋灭草松 可用含量分别为12%＋48%的制剂（有效成分）2 025～2 250 g/hm²，在水稻移栽田稗草2～4叶期，阔叶杂草基本出齐时茎叶喷雾施药。施药前1～2 d排干田水，保持土壤湿润，使杂草全部露出水面喷药，施药后2～3 d灌水，保持3～5 cm水层5～7 d。施药地块要平整，漏水地段、沙质土、漏水田施用效果差。后茬作物最好是水稻、玉米等耐药作物，严禁种植茄科、伞形花科、藜科、锦葵科、葫芦科、豆科、菊科、旋花科等敏感作物。对天敌赤眼蜂为高风险，在赤眼蜂放飞区慎用。

五十二、唑草酮 Carfentrazone-methyl

三唑啉酮类触杀型除草剂，原卟啉原氧化酶（PPO）抑制剂。其他名称：福农、快灭灵、三唑酮草酯、唑草酯。由美国富美实（FMC）公司研发。

【防治对象】主要用于防除阔叶杂草和莎草。

【特点】在叶绿素生物合成过程中，通过抑制原卟啉原氧化酶导致有毒中间物质的积累，从而破坏杂草的细胞膜，使叶片迅速干枯、死亡。于喷药后 15 min 内即被植物叶片吸收，其不受雨淋影响，施用 3～4 h 后杂草就出现中毒症状，2～4 d 死亡。杀草速度快，受低温影响小，有良好的耐低温和耐雨水冲刷效应，对后茬作物十分安全。

【使用方法】在水稻移栽后 15 d、杂草 2～4 叶期茎叶喷雾，用量（有效成分）为 30～36 g/hm^2。

【注意事项】喷施唑草酮及其与苯磺隆、2 甲 4 氯、苄嘧磺隆的复配剂时，药液中不能加洗衣粉、有机硅等助剂，否则容易对作物产生药害。含唑草酮的药剂不宜与乳油制剂混用，否则可能会影响唑草酮在药液中的分散性，喷药后药物在叶片上分布不均匀，着药多的部位容易受到药害，但可分开使用。

【复配】

（1）唑草酮＋苄嘧磺隆　可用含量分别为 8%＋30%的制剂（有效成分）57～78.8 g/hm^2，在水稻移栽田茎叶喷雾防除阔叶杂草及莎草，于水稻移栽返青后至分蘖末期、杂草 2～3 叶期均可施用。施药前排干田水，施药后 1～2 d 内灌水回田，保持 3～5 cm 水层 5～7 d，之后恢复正常田间管理。注意水层勿淹没水稻心叶，避免药害。施药后遇雨会影响除草效果，但施药 6 h 后降雨无需重新喷药。若局部用药量过大，水稻叶片在 2～3 d 内可能出现小红斑，但施药后 7～10 d 可恢复正常生长。

（2）吡嘧磺隆＋唑草酮＋二氯喹啉酸　可用含量分别为 4%＋2%＋50%的制剂（有效成分）252～420 g/hm^2，在水稻移栽田，于水稻移栽返青后至分蘖末期，杂草 2～4 叶期，兑水 450 kg/hm^2 以上茎叶喷雾。施药前 1 d 将田水排干，施药后 1～2 d 灌水入田，并保持 3～5 cm 水层 5～7 d，水层勿淹没水稻心叶。唑草酮见光后能充分发挥药效，阴天不利其药效发挥。若局部用药量过大，作物叶片在 2～3 d 内可能出现小红斑，但施药后 7～10 d 可恢复正常生长。养鱼稻田禁用。

（3）吡嘧磺隆＋唑草酮＋2 甲 4 氯钠　可用含量分别为 14%＋

7%+42%的制剂（有效成分）113.4～170.1 g/hm²，在水稻移栽田施用防治阔叶杂草及莎草，如水苋菜、鸭舌草、丁香蓼、野慈姑、雨久花等。于水稻移栽返青后至分蘖末期，杂草 2～4 叶期，兑水 450 kg/hm² 以上茎叶喷雾。施药前 1 d 将田水排干，施药后 1～2 d 灌水入田，并保持 3～5 cm 水层 5～7 d，注意水层勿淹没水稻心叶。唑草酮见光后能充分发挥药效，阴天不利其药效发挥。若局部用药量过大，作物叶片在 2～3 d 内可能出现小红斑，但施药后 7～10 d 可恢复正常生长。养鱼稻田禁用。

（4）唑草酮＋五氟磺草胺＋氰氟草酯　可用含量分别为 1%＋2.5%＋12.5%的制剂（有效成分）96～144 g/hm²，在水稻直播田杂草 2～4 叶期茎叶喷雾。施药时及施药后 1～2 d 田间水层不能淹没水稻心叶。赤眼蜂等天敌放飞区域禁用，鱼、虾、蟹套养稻田禁用，施药后的田水不得直接排入水体。

（5）唑草酮＋双草醚　可用含量分别为 5%＋20%的制剂（有效成分）37.5～56.3 g/hm²，在移栽田，于水稻移栽返青后，杂草 3～4 叶期，兑水 450～600 kg/hm² 茎叶喷雾。用药前将田水排干至土壤湿润状态，用药后 24 h 灌水，保持 3～5 cm 水层 5～7 d。远离水产养殖区、河塘等水体施药，鱼、虾、蟹套养稻田禁用，施过药的田水不得直接排入水体。

（6）2 甲 4 氯钠＋唑草酮　可用含量分别为 66.5%＋4%的制剂（有效成分）528.75～634.5 g/hm²，在水稻移栽田茎叶喷雾防治阔叶杂草和莎草，如野荸荠、扁秆藨草、异型莎草、日照飘拂草、鸭舌草、陌上菜、丁香蓼、矮慈姑、野慈姑、雨久花等。于水稻分蘖中、后期（移栽后 30 d 左右），杂草 3～5 叶期施用，用药液量为 450 L/hm² 以上。

（7）唑草酮＋灭草松　可用含量分别为 0.6%＋39.4%的制剂（有效成分）480～720 g/hm²，在水稻直播田茎叶喷雾防治阔叶杂草及莎草科杂草。施药时期为水稻 2 叶 1 心后、杂草 2～3 叶期。

（8）氯氟吡氧乙酸异辛酯＋唑草酮　可用含量分别为 30%＋3%的制剂（有效成分）74～124 g/hm²，在水稻移栽田茎叶喷雾防治阔叶杂草及莎草科杂草。水稻移栽后 10～15 d 至拔节期以前（水稻 4～5 叶期，杂草 3～5 叶期）施药。施药前排水，药后 1～2 d 内灌 3～5 cm 水层，保水 5～7 d。

五十三、莎稗磷　Anilofos

有机磷类选择性内吸传导型除草剂，细胞有丝分裂抑制剂。商品名：阿罗津。德国 Hoechst 公司 20 世纪 70 年代后期研发的一种有机磷类除草剂。

【防治对象】稗草、千金子、马唐、狗尾草、牛筋草、野燕麦和水莎草、异型莎草、碎米莎草、水虱草和牛毛毡等。对萤蔺、雨久花、狼杷草、眼子菜、泽泻、小茨藻防效不佳，对阔叶杂草和大龄杂草防效差，对乱草防效差。对正萌发的杂草防效最好，对 2.5 叶期前杂草有效。

【特点】药剂主要通过植物的幼芽和地中茎吸收，抑制细胞分裂与伸长。杂草受药后生长停止，叶片深绿，有时脱色，变短而厚，极易折断，心叶不易抽出，最后整株枯死。

【使用方法】早期茎叶处理施用。南方地区水稻移栽后 4～8 d，北方地区水稻移栽前 3～5 d 或移栽后 2～3 周，稻秧缓苗后，稗草萌发期至 2 叶期施用。施药后保持 3～6 cm 水层 5～7 d，勿使水层淹没稻苗心叶。可喷雾施用，但多用药土法撒施。施用剂量（有效成分）：南方地区移栽稻田 270～315 g/hm^2，北方地区移栽稻田 315～360 g/hm^2。施药时排去稻田水（稻田土壤吸足水），施药后 24 h 再灌水，可大幅提高除草效果。

【注意事项】对 3 叶 1 心内的稗草防效好，超过 3 叶 1 心效果下降。对 1 年生莎草效果好，对多年生莎草科杂草无效。盐碱地稻田宜采用推荐剂量下限。

【复配】

（1）*乙氧氟草醚＋噁草酮＋莎稗磷*　可用含量分别为 12%＋9%＋16%的制剂，在水稻移栽田药土法或甩施法施用，用量：南方地区为（有效成分）222～277.7 g/hm²，北方地区为（有效成分）277.5～333 g/hm²。适宜施药时期为水稻移栽前3～5 d，稻田灌水整平后呈泥水状态时，拌细沙土150～225 kg/hm²，均匀撒施。施药时保持田内3～5 cm水层，施药后2 d内尽量只灌不排，保水5～7 d，避免水层淹没稻苗心叶。

（2）噁草酮＋莎稗磷　可用含量分别为14%＋21%的制剂（有效成分）367.5～525 g/hm²，于水稻移栽后5～7 d，禾本科杂草和莎草科杂草2叶1心期以前，拌细沙土225～300 kg/hm²撒施。

（3）苄嘧磺隆＋莎稗磷　可用含量分别为2.5%＋17.5%的制剂（有效成分）300～360 g/hm²，或用含量分别为2.5%＋17.5%的制剂（有效成分）225～337.5 g/hm²，或用含量分别为5%＋33%的制剂（有效成分）285～342 g/hm²，在水稻移栽田、抛秧田待秧苗活棵后药土法撒施，水稻移栽后5～7 d，缓苗后即可施用。施药时稻田内水层控制在3～5 cm，施药后保水7 d以上，水层不能淹没稻苗心叶，10 d内勿使田间药水外流。大风天或预计1 h内降雨勿施用。避免在桑园、鱼塘、养蜂等场区施药，秧田、直播田、水稻移栽田、病弱苗田、漏水田等不能施用。

（4）苯噻酰草胺＋苄嘧磺隆＋莎稗磷　可用含量分别为30%＋5%＋20%的制剂（有效成分）742.5～825 g/hm²，在水稻移栽田、抛秧田药土法撒施，水稻移栽后5～7 d缓苗后即可施用。施药时稻田内水层控制在3～5 cm，施药后保水7 d以上，水层勿淹没稻苗心叶，10 d内勿使田间药水外流。

（5）吡嘧磺隆＋莎稗磷　可用含量分别为1.7%＋30.3%的制剂（有效成分）288～336 g/hm²，在水稻移栽田通过药土法撒施。水稻插秧后5～7 d、稗草2叶期前用药，用药后10 d内稻田落干应立刻补水，勿使水层淹没水稻心叶。盐碱地采用推荐用药量的下限。用药后如稻苗顶部出现轻度发黄症状，2周后会自然恢复正常，不影响产量。

五十四、草甘膦　Glyphosate

有机磷类灭生性内吸型除草剂，5-烯醇式丙酮莽草酸-3-磷酸合成酶（EPSPS）抑制剂。由美国孟山都公司研发。代表性商品名：农达。

【防治对象】 生长旺盛期杂草，但对白茅、狗牙根、狼尾草、野大豆、藤本灌木、鸭跖草防效欠佳，对芦苇、小刚竹无效。

【特点】 灭生性，抑制植物芳香氨基酸的生物合成。用于稻田田埂或免耕直播稻田播种前清园。

【使用方法】 稻田埂定向茎叶喷雾，用草甘膦异丙胺盐（有效成分）900～1 800 g/hm^2，免耕抛秧晚稻田用有效成分 1 500～2 500 g/hm^2，于杂草生长旺盛期施药。杂草高度低于 15 cm 时效果最好。

【注意事项】 施药后 5 d 之内不能割草、放牧、耕翻等。草甘膦对金属制成的镀锌容器有腐化作用。

【复配】

丁草胺+苄嘧磺隆+草甘膦　可用含量分别为 18.3%+0.5%+31.2%的制剂（有效成分）3 000～3 750 g/hm^2，在免耕直播稻田，茎叶喷雾施用。免耕稻田于水稻播种前 10～12 d 对杂草茎叶喷雾，施药后 5 d 左右灌水淹没杂草泡田 3～5 d，田间无积水时播种。注意播种前需浸种催芽。

第三章 稻田除草剂选用参考

第一节 基于主要靶标杂草选用除草剂参考

为了便于读者根据稻田种类组成特点选择相应的除草剂品种，笔者整理了针对稻田主要杂草的各种可用除草剂品种（表 3－1）。具体到除草剂的复配配方及其应用技术，宜参考相应除草剂品种的详细介绍（见第二章）。特别重要的是，在施药前应认真阅读除草剂产品包装上的使用说明书，在合适的用药期、以合适的剂量和方法，规范施药，规范清洗施药器械和回收废弃物。

表 3－1 稻田恶性杂草防控的主要备选除草剂

靶标杂草	土壤封闭使用为主的除草剂	茎叶处理使用为主的除草剂
稗属杂草	丙草胺、苯噻酰草胺、丁草胺、乙草胺、甲草胺、克草胺、异丙草胺、异丙甲草胺、吡氟酰草胺、噁草酮、噁嗪草酮、丙炔噁草酮、环戊噁草酮、乙氧氟草醚、双唑草腈、二甲戊灵、仲丁灵、西草净、硝磺草酮、双环磺草酮、氟酮磺草胺、异噁草松、哌草丹、禾草丹、禾草敌、嘧苯胺磺隆	氰氟草酯、噁唑酰草胺、精噁唑禾草灵、五氟磺草胺、双草醚、嘧啶肟草醚、嘧草醚、氟吡磺隆、丙嗪嘧磺隆、嗪吡嘧磺隆、环酯草醚、敌稗、二氯喹啉酸、氯氟吡啶酯、莎稗磷
千金子	丙草胺、苯噻酰草胺、丁草胺、乙草胺、异丙草胺、异丙甲草胺、噁草酮、噁嗪草酮、丙炔噁草酮、二甲戊灵、仲丁灵、双环磺草酮、氟酮磺草胺、异噁草松、禾草丹、禾草敌	氰氟草酯、噁唑酰草胺、精噁唑禾草灵、嗪吡嘧磺隆、环酯草醚、敌稗、氯氟吡啶酯、莎稗磷

（续）

靶标杂草	土壤封闭使用为主的除草剂	茎叶处理使用为主的除草剂
马唐	丙草胺、苯噻酰草胺、丁草胺、乙草胺、甲草胺、克草胺、异丙草胺、异丙甲草胺、吡氟酰草胺、双唑草腈、二甲戊灵、仲丁灵、硝磺草酮、异噁草松、禾草丹、禾草敌	噁唑酰草胺、精噁唑禾草灵、双草醚、嘧啶肟草醚、嗪吡嘧磺隆、环酯草醚、敌稗、莎稗磷
乱草	丙草胺、乙氧氟草醚、丁草胺、扑草净、噁草酮	精噁唑禾草灵、噁唑酰草胺
李氏禾、假稻	吡嘧磺隆（吡嘧磺隆＋苯噻酰草胺＋西草净、丁草胺＋吡嘧磺隆＋异噁草松）、双唑草腈、二甲戊灵＋异噁草松、双环磺草酮	噁唑酰草胺、双草醚
双穗雀稗	氟酮磺草胺、异噁草松、噁草酮	氰氟草酯、双草醚、丙嗪嘧磺隆＋嘧啶肟草醚、精噁唑禾草灵
异型莎草、碎米莎草	丙草胺、苯噻酰草胺、丁草胺、乙草胺、克草胺、噁草酮、噁嗪草酮、丙炔噁草酮、乙氧氟草醚、双唑草腈、二甲戊灵、仲丁灵、苄嘧磺隆、吡嘧磺隆、氯吡嘧磺隆、乙氧磺隆、嘧磺隆、嘧苯胺磺隆、扑草净、双环磺草酮、禾草丹、禾草敌	双草醚、嘧啶肟草醚、氟吡磺隆、丙嗪嘧磺隆、嗪吡嘧磺隆、环酯草醚、二氯喹啉酸、2 甲 4 氯、灭草松、唑草酮、氯氟吡啶酯、莎稗磷
萤蔺、扁秆藨草	丁草胺、吡嘧磺隆、乙氧磺隆、丙炔噁草酮、乙氧氟草醚、双唑草腈、氯吡嘧磺隆、丙炔噁草酮、双唑草腈、异噁草松、双环磺草酮、氟酮磺草胺、禾草丹＋苄嘧磺隆	双草醚、嘧啶肟草醚、环酯草醚、2 甲 4 氯、灭草松、氟吡磺隆
鸭舌草、雨久花	丙草胺、苯噻酰草胺、丁草胺、克草胺、噁草酮、丙炔噁草酮、环戊噁草酮、乙氧氟草醚、双唑草腈、苄嘧磺隆、吡嘧磺隆、乙氧磺隆、扑草净、双环磺草酮	双草醚、嘧啶肟草醚、环酯草醚、氟吡磺隆、2 甲 4 氯、灭草松、二氯喹啉酸、敌稗、唑草酮

（续）

靶标杂草	土壤封闭使用为主的除草剂	茎叶处理使用为主的除草剂
节节菜属杂草	丙炔噁草酮、乙氧氟草醚、双唑草腈、苄嘧磺隆、吡嘧磺隆、乙氧磺隆、扑草净、氟酮磺草胺、异噁草松、禾草丹	双草醚、氟吡磺隆、二氯喹啉酸、2甲4氯、灭草松、氯氟吡氧乙酸、氯氟吡啶酯
水苋菜属杂草	丙草胺、乙氧氟草醚、双唑草腈、苄嘧磺隆、吡嘧磺隆、乙氧磺隆	2甲4氯、灭草松、氯氟吡氧乙酸、唑草酮、氯氟吡啶酯
野慈姑	苄嘧磺隆、吡嘧磺隆、乙氧氟草醚＋噁草酮＋丙草胺、双唑草腈	双草醚、2甲4氯、灭草松
丁香蓼	丙草胺、吡氟酰草胺＋二甲戊灵、苄嘧磺隆、吡嘧磺隆、乙氧磺隆、氟酮磺草胺	双草醚、氟吡磺隆、环酯草醚、2甲4氯、灭草松
水竹叶	乙氧氟草醚、苄嘧磺隆、吡嘧磺隆	双草醚、灭草松、氯氟吡啶酯、氯氟吡氧乙酸、2甲4氯

第二节 除草剂品种使用技术简况列表

目前，我国稻田登记使用的除草剂产品共54种活性成分（单剂）、149种复配剂（一些复配剂有多种配比）。这149种正式登记使用的复配剂中，94种为二元复配剂（由2种活性成分组成）、55种为三元复配剂（由3种活性成分组成）（图3-1）。我国稻田除草剂登记使用的稻田分为4类（图3-2）：直播稻田、移栽稻田（包括机插秧和手工移栽稻田）、抛秧稻田、育秧田（苗床）；在总共 203 种登记使用的除草剂品种中，53.7%明确有产品登记在直播稻田使用，71.9%有产品登记在移栽稻田使用、15.8%有产品登记在抛秧田使用、10.8%有产品登记在育秧田使用。目前，我国稻田除草剂登记施用方法主要分为 3 种（图 3－3）：喷雾施用、撒施（药土法、药肥法或直接颗粒剂撒施）、甩施；在登记除草剂品种中，60.1%登记产品可以通过喷雾施用，51.7%登记产品可以撒施施用，7.9%登记产品可以甩施施用。就使用时期而言（图 3－4），20.7%登记产品可以在播种或移栽之前或当天施用，58.6%登记产品可以用于播栽后苗前土壤封闭施用（直播田播后 5 d 内或移栽后秧苗活棵返青后），40.9%登记产品可用于播种或移栽后 15～20 d（杂草 3～5 叶期茎叶杀草施用），10.3%登记产品可用于水稻分蘖后拔节前防除大龄杂草。就靶标杂草的主要生育期而言（图 3－5），59.6%登记产品对出苗期杂草有较好防效，92.6%登记产品对 2 叶期之前杂草有较好防效，42.9%登记产品可有效用于 3～5 叶期杂草的防除，15.3%登记产品可用于大龄杂草防除。

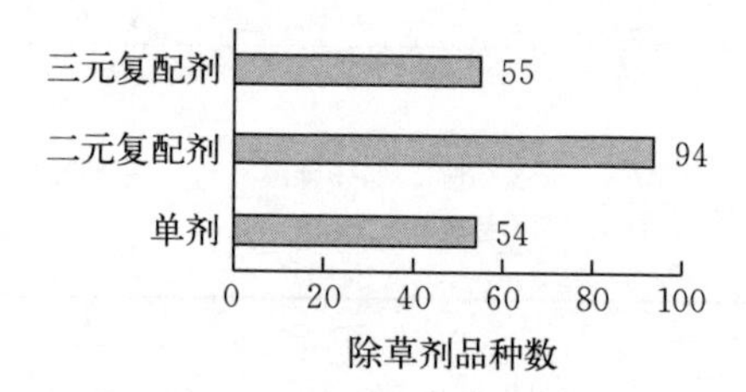

图 3－1　登记在我国水稻田使用的除草剂单剂及复配剂品种数

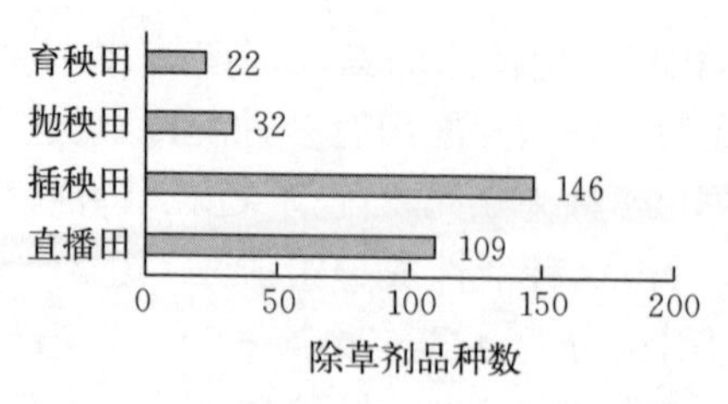

图 3－2　登记在我国水稻田使用的除草剂中可用于不同类型稻田的品种数

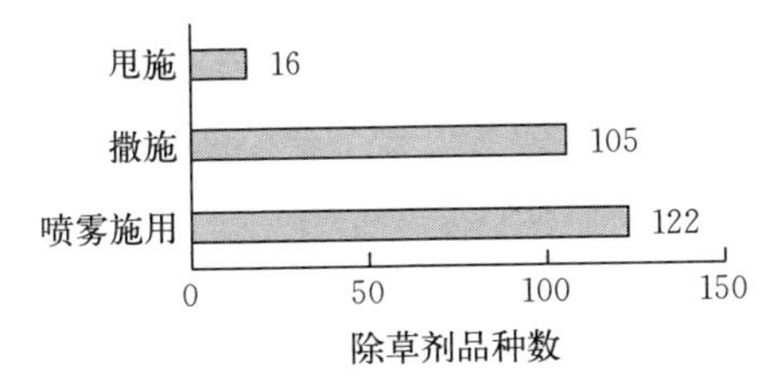

图 3－3 登记在我国水稻田使用的除草剂中可不同方式施用的品种数

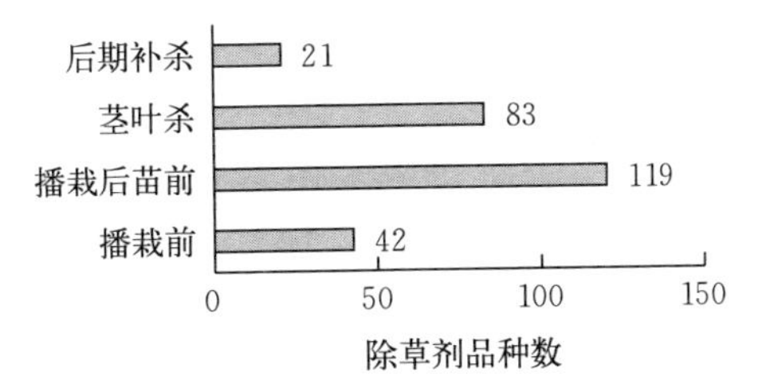

图 3－4 登记在我国水稻田使用的除草剂中可不同时期施用的品种数

注：播栽前＝播种或移栽前至播种当天；播栽后苗前＝直播田水稻播种 5 d 内或移栽田水稻移栽返青后；茎叶杀＝播种或移栽后 15～20 d；后期补杀＝水稻分蘖后拔节期前

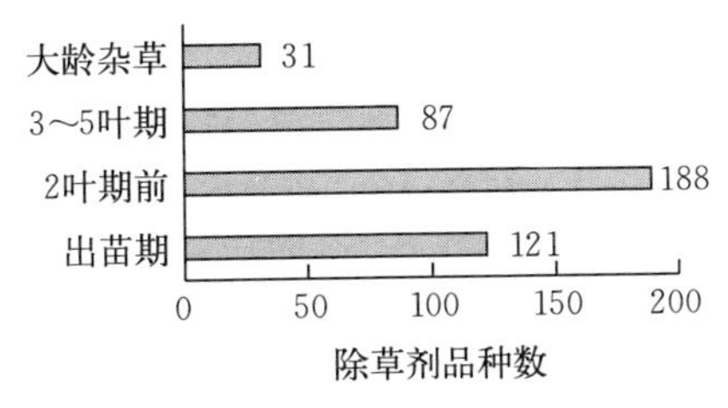

图 3－5 登记在我国水稻田使用的除草剂中用于防控不同生育期杂草的品种数

为了进一步方便读者科学选用稻田除草剂，在表 3－2 中，笔者详细列出了截至 2019 年 4 月 12 日，我国稻田登记使用除草剂品种的主要技术参数。由于除草剂在杂草与水稻之间的选择性是相对的，除草剂使用不当易导致严重的药害。因此，需要强调的是，在田间使用特定除草剂商品之前，应该仔细阅读商品包装上的使用说明，逐一核对除草剂使用的稻田类型、使用时期、使用方法、使用剂量、使用禁忌、注意事项等。表 3-2 的内容仅作为参考，具体特定除草剂的施用技术以产品说明为准。

表 3-2　我国稻田登记使用的 203 种除草剂单剂和复配剂的使用时期和使用方法

编号	除草剂	稻田类型	使用时期	使用方法	使用时禾本科杂草主要生长期
1	2 甲 4 氯	1,2,3	4	1	3,4
2	2 甲 4 氯＋氯氟吡氧乙酸	2	4	1	3,4
3	2 甲 4 氯钠＋苄嘧磺隆	2	3	1	3,4
4	2 甲 4 氯＋灭草松	1,2,3	4	1	3,4
5	2 甲 4 氯钠＋唑草酮	2	4	1	3,4
6	苯噻酰草胺*	1,2,3	1,2	1,2	1,2
7	苯噻酰草胺＋苄嘧磺隆＋莎稗磷	2	2	2	1,2
8	苯噻酰草胺＋氯吡嘧磺隆＋硝磺草酮*	1,2	2,3	2	2,3
9	吡氟酰草胺	1,2	2	1	1,2
10	吡氟酰草胺＋吡嘧磺隆	2	2	2	1,2
11	吡嘧磺隆	1,2,3,4	2	1,2	1,2
12	吡嘧磺隆＋2 甲 4 氯钠	1	4	1	3,4
13	吡嘧磺隆＋苯噻酰草胺	2,3	2	2	1,2
14	吡嘧磺隆＋苯噻酰草胺＋甲草胺*	2	2	2	1,2
15	吡嘧磺隆＋苯噻酰草胺＋西草净	2	2	2	1,2
16	吡嘧磺隆＋丙草胺*	1,2,3	2	1,2	1,2

（续）

编号	除草剂	稻田类型	使用时期	使用方法	使用时禾本科杂草主要生长期
17	吡嘧磺隆＋丙草胺＋二氯喹啉酸*	2,3	2	2	1,2
18	吡嘧磺隆＋丙草胺＋嘧草醚	1	3	1	1,2,3
19	吡嘧磺隆＋丙草胺＋异噁草松	1	2	1	1,2
20	吡嘧磺隆＋二氯喹啉酸*	1	3	1	2,3
21	吡嘧磺隆＋二氯喹啉酸＋嘧啶肟草醚*	1	3	1	2,3
22	吡嘧磺隆＋氯氟吡氧乙酸异辛酯＋2甲4氯钠	2	3	1	2,3,4
23	吡嘧磺隆＋嘧草醚*	2	2	2	1,2
24	吡嘧磺隆＋扑草净＋西草净*	2	2	2	1,2
25	吡嘧磺隆＋氰氟草酯	1,2	2,3	1	2,3
26	吡嘧磺隆＋氰氟草酯＋嘧啶肟草醚*	1	2	1	2,3
27	吡嘧磺隆＋氰氟草酯＋双草醚*	1	3	1	2,3
28	吡嘧磺隆＋莎稗磷	2	2	2	1,2
29	吡嘧磺隆＋双草醚*	1	3	1	2,3
30	吡嘧磺隆＋双草醚＋二氯喹啉酸*	1	3	1	2,3
31	吡嘧磺隆＋五氟磺草胺*	1,2	2	1	2,3
32	吡嘧磺隆＋五氟磺草胺＋丙草胺	1,2	3	1	2,3

（续）

编号	除草剂	稻田类型	使用时期	使用方法	使用时禾本科杂草主要生长期
33	吡嘧磺隆＋五氟磺草胺＋二氯喹啉酸*	1	2,3	1	2,3
34	吡嘧磺隆＋五氟磺草胺＋氰氟草酯*	1	3	1	2,3
35	吡嘧磺隆＋硝磺草酮	2	3	2	2,3
36	吡嘧磺隆＋唑草酮＋2甲4氯钠*	2	2,3,4	1	2,3,4
37	吡嘧磺隆＋唑草酮＋二氯喹啉酸*	2	2,3,4	1	2,3
38	苄嘧磺隆	1,2,3,4	1,2,3	1,2,3	1,2
39	苄嘧磺隆＋苯噻酰草胺	1,2,3	1,2	2	1,2
40	苄嘧磺隆＋丙草胺*	1,2,3	1,2	1,2	1,2
41	苄嘧磺隆＋丙草胺＋异噁草松	1	2	1	1,2
42	苄嘧磺隆＋二氯喹啉酸＋苯噻酰草胺	1	3	2	2,3
43	苄嘧磺隆＋禾草敌	1,4	2,3	3	2,3
44	苄嘧磺隆＋嘧草醚*	2	2	2	1,2
45	苄嘧磺隆＋莎稗磷*	2,3	2	2	1,2
46	苄嘧磺隆＋双草醚	1	3	1	2,3
47	苄嘧磺隆＋五氟磺草胺＋氰氟草酯	1	3	1	3
48	苄嘧磺隆＋西草净＋苯噻酰草胺	2	2	2	1,2
49	苄嘧磺隆＋异丙草胺	2	2	2	1,2

（续）

编号	除草剂	稻田类型	使用时期	使用方法	使用时禾本科杂草主要生长期
50	苄嘧磺隆+异丙甲草胺	2	1,2	2	1,2
51	丙草胺	1,2,3,4	1,2	1,2,3	1,2
52	丙草胺+醚磺隆*	2	2	2	1,2
53	丙草胺+五氟磺草胺*	2	2	2	1,2
54	丙草胺+五氟磺草胺+氰氟草酯	1	3	1	3
55	丙嗪嘧磺隆*	1,2	3	1	2,3
56	丙炔噁草酮	2	1	1,2,3	1,2
57	丙炔噁草酮+吡嘧磺隆*	2	1	2,3	1,2
58	丙炔噁草酮+丁草胺*	2	1	1,2	1,2
59	丙炔噁草酮+乙氧氟草醚*	2	2	3	1,2
60	丙炔噁草酮+丙草胺*	2	1	2,3	1,2
61	丙炔噁草酮+丙草胺+异噁草松*	2	1	1	1,2
62	丙炔噁草酮+丙草胺+乙氧氟草醚*	2	1	2	1,2
63	草甘膦	1,3	1	1	4
64	敌稗	1,2,3,4	2,3	1	2,3
65	丁草胺*	1,2,3,4	1,2	1,2	1,2
66	丁草胺+吡嘧磺隆+异噁草松*	1	2	1	1,2
67	丁草胺+苄嘧磺隆	1,2,3,4	1,2	1,2	1,2
68	丁草胺+苄嘧磺隆+草甘膦	1	1	1	4

（续）

编号	除草剂	稻田类型	使用时期	使用方法	使用时禾本科杂草主要生长期
69	丁草胺＋苄嘧磺隆＋扑草净	4	2	1	1,2
70	丁草胺＋敌稗*	1,2,3	2,3	1	2,3
71	丁草胺＋噁草酮	1,2,4	1,2	1,2	1,2
72	丁草胺＋二甲戊灵	1	2	1	1,2
73	丁草胺＋扑草净	4	2	1	1,2
74	丁草胺＋五氟磺草胺	2	2	2	1,2
75	噁草酮	1,2,4	1,2	1,2,3	1,2
76	噁草酮＋丙草胺	2	1	2	1,2
77	噁草酮＋丙草胺＋异噁草松*	2	1	2	1,2
78	噁草酮＋莎稗磷	2	2	2	1,2
79	噁嗪草酮	1,2,4	2	1	1,2
80	噁唑酰草胺*	1	3	1	2,3
81	噁唑酰草胺＋灭草松*	1	3	1	3,4
82	二甲戊灵*	1	2	1	1,2
83	二甲戊灵＋吡氟酰草胺	1	2	1	1,2
84	二甲戊灵＋吡嘧磺隆*	2	2	2	1,2
85	二甲戊灵＋吡嘧磺隆＋噁草酮*	2	1	2	1,2
86	二甲戊灵＋吡嘧磺隆＋乙氧氟草醚	2	1	2	1,2
87	二甲戊灵＋吡嘧磺隆＋异噁草松*	1	2	1	1,2
88	二甲戊灵＋苄嘧磺隆	1,2	2	1,2	1,2

（续）

编号	除草剂	稻田类型	使用时期	使用方法	使用时禾本科杂草主要生长期
89	二甲戊灵＋苄嘧磺隆＋异丙隆	1	2	1	1,2
90	二甲戊灵＋噁草酮*	1,2,4	2	1,2,3	1,2
91	二甲戊灵＋乙氧氟草醚	2	1	2	1,2
92	二甲戊灵＋乙氧氟草醚＋噁草酮	2	2	2	1,2
93	二甲戊灵＋异噁草松*	1,2	2	1,2	1,2
94	二氯喹啉酸	1,2,3,4	2,3	1,2	2,3
95	二氯喹啉酸＋苄嘧磺隆	1,2,3	2,3	1,2	2,3
96	二氯喹啉酸＋灭草松	2	2,3	1	2,3,4
97	呋喃磺草酮	1,2,3	3	2	2,3
98	氟吡磺隆	1,2	3	1,2	2,3
99	氟酮磺草胺	2	1,2	2,3	1,2
100	氟酮磺草胺＋呋喃磺草酮	2	2	2,3	1,2
101	禾草丹	1,2	1,2	2	1,2
102	禾草丹＋苄嘧磺隆	1,2,4	1,2	2	1,2
103	禾草敌	1,2,4	1,2	2	1,2,3
104	环戊噁草酮	2	1,2,3	3	1,2
105	环酯草醚	2	2	1	1,2
106	甲草胺	2	1,2	2	1,2
107	甲草胺＋苄嘧磺隆＋苯噻酰草胺	2	1,2	2	1,2
108	精噁唑禾草灵*	1,2	3	1	2,3,4
109	精噁唑禾草灵＋五氟磺草胺	1	3	1	2,3,4

（续）

编号	除草剂	稻田类型	使用时期	使用方法	使用时禾本科杂草主要生长期
110	克草胺	2	2	2	1,2
111	氯吡嘧磺隆	1,2	2	1,2	1,2
112	氯氟吡啶酯	1,2	3,4	1	2,3,4
113	氯氟吡氧乙酸*	1,2	3,4	1	2,3,4
114	氯氟吡氧乙酸异辛酯+五氟磺草胺+氰氟草酯*	1	3	1	2,3
115	氯氟吡氧乙酸异辛酯+唑草酮	2	3,4	1	2,3,4
116	嘧苯胺磺隆	2	2	1,2	1,2
117	嘧草醚*	1,2	2,3	1,2	1,2,3
118	嘧啶肟草醚	1,2	3,4	1	2,3,4
119	嘧啶肟草醚+丙草胺*	1,2	3	1	2,3
120	嘧啶肟草醚+五氟磺草胺	1	3	1	2,3
121	嘧啶肟草醚+五氟磺草胺+氰氟草酯	2	3	1	2,3
122	醚磺隆	2	2	1,2	1,2
123	灭草松	1,2,3	3,4	1	3,4
124	灭草松+双草醚*	1	3,4	1	2,3,4
125	哌草丹	1,2,4	2,3	1,2	1,2
126	哌草丹+苄嘧磺隆*	1	2	1	1,2
127	扑草净	2,3,4	2	2	1,2
128	扑草净+苄嘧磺隆	3	2	2	1,2
129	扑草净+苄嘧磺隆+西草净	2	2	2	1,2
130	扑草净+乙草胺	2	2,3	2	1,2

（续）

编号	除草剂	稻田类型	使用时期	使用方法	使用时禾本科杂草主要生长期
131	嗪吡嘧磺隆	2	2,3	2	2,3
132	氰氟草酯	1,2,4	3	1	2,3
133	氰氟草酯+噁唑酰草胺	1	3	1	2,3
134	氰氟草酯+二氯喹啉酸	1,4	3	1	2,3
135	氰氟草酯+精噁唑禾草灵	1,2	3	1	2,3,4
136	氰氟草酯+氯氟吡啶酯	1	3,4	1	2,3,4
137	氰氟草酯+氯氟吡氧乙酸异辛酯	1	3,4	1	2,3
138	氰氟草酯+氯氟吡氧乙酸异辛酯+异噁草松	1	3	1	2,3
139	氰氟草酯+嘧啶肟草醚	1	3	1	2,3
140	氰氟草酯+嘧啶肟草醚+灭草松	1	3,4	1	2,3,4
141	氰氟草酯+双草醚	1	3	1	2,3
142	氰氟草酯+五氟磺草胺	1,2,4	3	1	2,3
143	莎稗磷	2	2	1,2	1,2
144	双草醚*	1,2,3	3	1	2,3,4
145	双草醚+二氯喹啉酸*	1,3	3	1	2,3
146	双草醚+五氟磺草胺*	1	3	1	2,3
147	双草醚+五氟磺草胺+氰氟草酯*	1	3	1	2,3
148	双环磺草酮	2	1,2	3	1,2
149	双唑草腈*	2,3	2	2	1,2
150	五氟磺草胺	1,2,3,4	2,3	1,2	1,2,3
151	五氟磺草胺+丙炔噁草酮*	2	2	2	1,2,3

（续）

编号	除草剂	稻田类型	使用时期	使用方法	使用时禾本科杂草主要生长期
152	五氟磺草胺＋噁唑酰草胺*	1	3	1	2,3
153	五氟磺草胺＋二氯喹啉酸*	1	3	1	2,3
154	五氟磺草胺＋氯氟吡啶酯	1,2	3,4	1	2,3,4
155	五氟磺草胺＋氯氟吡氧乙酸异辛酯*	1,2	3	1	2,3
156	五氟磺草胺＋灭草松	2	3	1	2,3,4
157	五氟磺草胺＋硝磺草酮	2	1	2	1,2
158	西草净	2	1,2,3,4	2	3,4
159	西草净＋丙草胺*	2	1	3	1,2
160	西草净＋丁草胺*	2	2	2	1,2
161	西草净＋噁草酮	2	1	3	1,2
162	西草净＋硝磺草酮	2	2	2	1,2
163	硝磺草酮	2	2	2	1,2
164	硝磺草酮＋丙草胺	2	2	2	1,2
165	乙草胺*	2,3	2	2	1,2
166	乙草胺＋苄嘧磺隆*	2,3	2	2	1,2
167	乙草胺＋苄嘧磺隆＋苯噻酰草胺*	2,3	2	2	1,2
168	乙草胺＋苄嘧磺隆＋二氯喹啉酸	2	2	2	1,2
169	乙草胺＋苄嘧磺隆＋扑草净	2	2	2	1,2
170	乙草胺＋醚磺隆	2	2	2	1,2

（续）

编号	除草剂	稻田类型	使用时期	使用方法	使用时禾本科杂草主要生长期
171	乙氧氟草醚	2	2	2	1,2
172	乙氧氟草醚+丙草胺	2	1	2	1,2
173	乙氧氟草醚+丙炔噁草酮+丙草胺*	2	1	2	1,2
174	乙氧氟草醚+噁草酮*	2	2	2	1,2
175	乙氧氟草醚+噁草酮+丙草胺	2	1	2	1,2
176	乙氧氟草醚+噁草酮+丁草胺*	2	1	2	1,2
177	乙氧氟草醚+噁草酮+莎稗磷	2	2	2	1,2
178	乙氧氟草醚+异丙草胺	2	2	2	1,2
179	乙氧磺隆	1,2,3	2,3	1,2	1,2
180	乙氧磺隆+苯噻酰草胺*	1,2	2,3	1,2	1,2,3
181	异丙草胺	2	2	2	1,2
182	异丙甲草胺	2	2	1	1,2
183	异丙甲草胺+苄嘧磺隆+苯噻酰草胺	2	2	2	1,2
184	异丙隆	1,2	2,3	1,2	1,2
185	异丙隆+2甲4氯钠	2	3	1	2,3
186	异丙隆+苄嘧磺隆	1,2	2	1,2	1,2
187	异丙隆+苄嘧磺隆+丁草胺*	1	2	1,2	1,2
188	异丙隆+禾草丹*	1	2	1	1,2
189	异丙隆+氯吡嘧磺隆+丙草胺	1	2	1	1,2

（续）

编号	除草剂	稻田类型	使用时期	使用方法	使用时禾本科杂草主要生长期
190	异噁草松	1,2	1,2	1,2	1,2
191	异噁草松＋敌稗*	1	3	1	2,3
192	仲丁灵*	1,2	2	2	1
193	仲丁灵＋苄嘧磺隆*	1	2	1	1,2
194	仲丁灵＋噁草酮*	2	1	2	1,2
195	仲丁灵＋硝磺草酮*	2	2	2	1,2
196	唑草酮	1,2	2,3,4	1	2,3
197	唑草酮＋苄嘧磺隆	2	2,3,4		3,4
198	唑草酮＋灭草松	1	3,4	1	3,4
199	唑草酮＋双草醚*	2	3	1	2,3,4
200	唑草酮＋五氟磺草胺＋氰氟草酯*	1	3	1	2,3,4
201	吡嘧磺隆＋氰氟草酯＋二氯喹啉酸	1	3	1	2,3
202	双草醚＋二氯喹啉酸＋五氟磺草胺	1	3	1	2,3
203	乙草胺＋苄嘧磺隆＋丁草胺*	2,3	2	2	1,2

注：2甲4氯钠的有效成分即为2甲4氯。

* 鱼、虾、蟹套养稻田禁用。

表3-2中各个指标的数字所代表的信息如下：

使用稻田类型：1＝直播田；2＝插秧移栽田；3＝抛秧田；4＝秧田。

使用时期：1＝播种或移栽前至播种当天；2＝直播田水稻播种5 d内或移栽田水稻移栽返青后；3＝播种或移栽后15～20 d；4＝

水稻分蘖后拔节期前。

使用方法：1＝喷雾；2＝撒施；3＝甩施。

使用时禾本科杂草主要生长期：1＝出苗期；2＝2 叶期前；3＝3～5 叶期；4＝大龄杂草。

此外，登记在稻田使用的 203 种除草剂单剂及复配剂品种中，共有 77 种除草剂登记使用的商品包装中明确了“鱼、虾、蟹套养稻田禁用”的标识，在表格中以“*”进行标明。值得注意的是，到底哪些除草剂应该在鱼、虾、蟹套养稻田禁用，目前还缺乏系统研究，表格中仅仅是基于相关除草剂产品包装说明的调研统计得出，仅供参考。

附　表

书中出现的杂草学名

中文名	科	拉丁文名
小茨藻	茨藻科	*Najas minor*
铁苋菜	大戟科	*Acalypha australis*
合萌（田皂角）	豆科	*Aeschynomene indica*
田菁	豆科	*Sesbania cannabina*
大巢菜	豆科	*Vicia sativa*
粟米草	番杏科	*Mollugo stricta*
浮萍	浮萍科	*Lemna minor*
紫萍	浮萍科	*Spirodela polyrrhiza*
沟繁缕属杂草	沟繁缕科	*Elatine* spp.
谷精草	谷精草科	*Eriocaulon buergerianum*
菵草	禾本科	*Beckmannia syzigachne*
马唐	禾本科	*Digitaria sanguinalis*
长芒稗	禾本科	*Echinochloa caudata*
光头稗	禾本科	*Echinochloa colona*
稗（稗草）	禾本科	*Echinochloa crusgalli*
无芒稗	禾本科	*Echinochloa crusgalli* var. *mitis*
西来稗	禾本科	*Echinochloa crusgalli* var. *zelayensis*
孔雀稗	禾本科	*Echinochloa cruspavonis*
硬稃稗	禾本科	*Echinochloa glabrescens*

（续）

中文名	科	拉丁文名
稻稗（水稗、水田稗）	禾本科	*Echinochloa phyllopogon* (= *Echinochloa oryzicola*)
稗属杂草	禾本科	*Echinochloa* spp.
牛筋草	禾本科	*Eleusine indica*
乱草（碎米知风草）	禾本科	*Eragrostis japonica*
画眉草属杂草	禾本科	*Eragrostis* spp.
李氏禾	禾本科	*Leersia hexandra*
稻李氏禾（假稻）	禾本科	*Leersia japonica*
千金子	禾本科	*Leptochloa chinensis*
杂草稻	禾本科	*Oryza sativa*
双穗雀稗	禾本科	*Paspalum distichum*
雀稗	禾本科	*Paspalum thunbergii*
早熟禾	禾本科	*Poa annua*
狗尾草	禾本科	*Setaria viridis*
金色狗尾草（金狗尾）	禾本科	*Setaria glauca*
匍茎剪股颖	禾本科	*Agrostis stolonifera* var. *gigantea*
异型莎草	莎草科	*Cyperus difformis*
碎米莎草	莎草科	*Cyperus iria*
香附子	莎草科	*Cyperus rotundus*
水莎草	莎草科	*Cyperus serotinus*
水虱草（日照飘拂草）	莎草科	*Fimbristylis littoralis*
飘拂草	莎草科	*Fimbristylis* spp.
野荸荠	莎草科	*Heleocharis plantagineiformis*

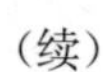
（续）

中文名	科	拉丁文名
刚毛荸荠	莎草科	*Heleocharis valleculosa*
牛毛毡（牛毛草）	莎草科	*Heleocharis yokoscensis*
水蜈蚣	莎草科	*Kyllinga polyphylla*
萤蔺	莎草科	*Scirpus campestris*
扁秆藨草	莎草科	*Scirpus compactus*
日本藨草	莎草科	*Scirpus nipponicus*
扁秆藨草	莎草科	*Scirpus planiculmis*
藨草属杂草（三棱草）	莎草科	*Scirpus* spp.
荆三棱	莎草科	*Scirpus yagara*
花蔺	花蔺科	*Butomus umbellatus*
半边莲	桔梗科	*Lobelia chinensis*
尖瓣花	桔梗科	*Sphenoclea zeylanica*
鬼针草属杂草	菊科	*Bidens* spp.
狼杷草	菊科	*Bidens tripartita*
鳢肠	菊科	*Eclipta prostrata*
苣荬菜	菊科	*Sonchus arvensis*
苍耳	菊科	*Xanthium strumarium*
藜	藜科	*Chenopodium album*
萹蓄	蓼科	*Polygonum aviculare*
水蓼	蓼科	*Polygonum hydropiper*
蓼属杂草	蓼科	*Polygonum* spp.
丁香蓼	柳叶菜科	*Ludwigia prostrata*
轮藻属杂草	轮藻科	*Chara* spp.

（续）

中文名	科	拉丁文名
马齿苋	马齿苋科	*Portulaca oleracea*
蘋（四叶萍、四叶菜）	蘋科	*Marsilea quadrifolia*
耳叶水苋	千屈菜科	*Ammannia arenaria*
水苋菜	千屈菜科	*Ammannia baccifera*
节节菜	千屈菜科	*Rotala indica*
圆叶节节菜	千屈菜科	*Rotala rotundifolia*
龙葵	茄科	*Solanum nigrum*
水芹	伞形科	*Oenanthe javanica*
荠菜	十字花科	*Capsella bursa-pastoris*
水绵	双星藻科	*Spirogyra communis*
风花菜	十字花科	*Rorippa globosa*
黑藻	水鳖科	*Hydrilla verticillata*
苦草	水鳖科	*Vallisneria natans*
水花生（空心莲子草）	苋科	*Alternanthera philoxeroides*
反枝苋	苋科	*Amaranthus retroflexus*
苋属杂草	苋科	*Amaranthus* spp.
陌上菜	玄参科	*Lindernia procumbens*
母草属杂草	玄参科	*Lindernia* spp.
通泉草	玄参科	*Mazus japonicus*
北水苦荬	玄参科	*Veronica anagallis-aquatica*
鸭跖草	鸭跖草科	*Commelina communis*
水竹叶	鸭跖草科	*Murdannia triguetra*
眼子菜	眼子菜科	*Potamogeton oblongus*

（续）

中文名	科	拉丁文名
雨久花	雨久花科	*Monochoria korsakowii*
鸭舌草	雨久花科	*Monochoria vaginalis*
泽泻	泽泻科	*Alisma plantago-aquatica*
矮慈姑（瓜皮草）	泽泻科	*Sagittaria pygmaea*
野慈姑	泽泻科	*Sagittaria trifolia*
苘麻	锦葵科	*Abutilon theophrasti*

主要参考文献

董立尧，高原，房加鹏，等，2018. 我国水稻田杂草抗药性研究进展 [J]. 植物保护，44 (5)：69－76.

董立尧，王红春，陈国奇，等，2016. 直播稻田杂草防控技术 [M]. 北京：中国农业出版社.

高陆思，崔海兰，骆焱平，等，2015. 异型莎草对不同除草剂的敏感性研究 [J]. 湖北农业科学 (54)：2123－2126.

黄元炬，2013. 黑龙江省雨久花对磺酰脲类除草剂抗性测定及治理 [D]. 北京：中国农业科学院植物保护研究所.

蒋易凡，陈国奇，董立尧，2017. 稻田马唐对稻田常用茎叶处理除草剂的抗性水平研究 [J]. 杂草学报 (35)：67－72.

李平生，魏松红，纪明山，等，2015. 野慈姑对 ALS 抑制剂的交互抗药性 [J]. 农药 (54)：366－368.

刘亚光，刘蓝坤，朱金文，等，2014. 黑龙江省稻稗对二氯喹啉酸敏感性研究 [J]. 东北农业大学学报 (45)：21－24.

卢宗志，张朝贤，傅俊范，等，2009. 抗苄嘧磺隆雨久花 ALS 基因突变研究 [J]. 中国农业科学 (42)：3516－3521.

鲁传涛，张玉聚，王恒亮，等，2019. 除草剂原理与应用原色图鉴 [M]. 北京：中国农业科技出版社.

马国兰，2013. 稗草对二氯喹啉酸的抗药性研究 [D]. 长沙：湖南农业大学.

马国兰，柏连阳，刘都才，等，2014. 抗二氯喹啉酸稗草对 6 种除草剂的多抗性分析及田间控制效果评价 [J]. 草业学报 (23)：259－265.

师慧，冯蕾，刘蓝坤，等，2013. 黑龙江省水田稻稗对丁草胺的敏感性 [J]. 杂草科学 (31)：21－24.

时丹，2009. 延边地区水田稻稗抗二氯喹啉酸特征的研究 [D]. 延吉：延边大学.

王琼，陈国奇，姜英，等，2015. 稻田稗属杂草（*Echinochloa* spp.）对稻田常用除草剂的敏感性 [J]. 南京农业大学学报 (38)：804－809.

王兴国，2013. 稻田耳叶水苋对苄嘧磺隆的抗药性及其分子机制的初步研究

[D]. 杭州：浙江大学.

徐江艳，2013. 稻田西来稗（*Echinochloa crusgalli* var. *zelayensis*）对二氯喹啉酸的抗药性及其机理研究 [D]. 南京：南京农业大学.

杨林，沈浩宇，强胜，2016. 噁草酮防除直播稻田杂草稻的施用技术 [J]. 植物保护学报（43）：1033－1040.

于佳星，2017. 千金子对氰氟草酯抗药性的研究 [D]. 南京：南京农业大学.

张洪程，郭保卫，李杰，等，2014. 水稻机械化精简化高产栽培 [M]. 北京：中国农业出版社.

张培培，2014. 碎米知风草（*Eragrostis japonica*）生物学生态学特性及化学防除技术研究 [D]. 南京：南京农业大学.

张玉聚，鲁传涛，周新强，2012. 水稻除草剂使用技术图解 [M]. 北京：金盾出版社.

Goulart I，Menezes V G，Bortoly E D，et al.，2016. Detecting gene flow from als-resistant hybrid and inbred rice to weedy rice using single plant pollen donors [J]. Experimental Agriculture，52：237－250.

Raj S K，Syriac E K，2017. Weed management in direct seeded rice：A review [J]. Agricultural Science Digest（38）：41－50.

Wei S H，Li P S，Ji M S，et al.，2015. Target-site resistance to bensulfuron-methyl in *Sagittaria trifolia* L. populations [J]. Pesticide Biochemistry and Physiology，124：81－85.

Xu J Y，Lv B，Wang Q，et al.，2013. A resistance mechanism dependent upon the inhibition of ethylene biosynthesis [J]. Pest Management Science，69：1407－1414.

Yang X，Yu X Y，Li Y F，2013. De novo assembly and characterization of the barnyardgrass（*Echinochloa crus-galli*）transcriptome using next-generation pyrosequencing [J]. PLoS ONE（8）：168－169.

Yu J，Gao H，Pan L，et al，2017. Mechanism of resistance to cyhalofop-butyl in Chinese sprangletop [*Leptochloa chinensis*（L.）Nees] [J]. Pesticide Biochemistry and Physiology，143：306－311.